国家出版基金项目
NATIONAL PUBLICATION FOUNDATION

有色金属理论与技术前沿丛书

白钨矿浮选抑制剂
的性能与作用机理

PERFORMANCE AND MECHANISMS OF DEPRESSANTS
FOR SCHECLITE FLOTATION

张 英 胡岳华 王毓华 著
Zhang Ying Hu Yuehua Wang Yuhua

中南大学出版社
www.csupress.com.cn

中国有色集团

内容简介 /
Introduction

　　本书从白钨矿与含钙脉石矿物的浮选分离一直是选矿工作者研究的热点出发，全面介绍了白钨矿浮选的工艺及浮选药剂，系统地阐述了各种白钨矿与含钙脉石矿物浮选分离抑制剂的性能，重点论述了硅酸钠及聚丙烯酸钠两种含钙脉石矿物抑制剂的作用机理。全书共分6个章节，分别为绪论、硅酸钠对含钙矿物抑制性能、有机抑制剂对含钙矿物抑制性能、含钙矿物与抑制剂的作用机理、聚丙烯酸钠对含钙矿物抑制作用的量子化学理论模拟计算、白钨矿常温浮选实践。

　　本书适合于相关专业的科研人员、高校教师和白钨矿生产技术人员阅读。

作者简介

/About the Author

    张英，1984 年 12 月出生于四川内江，讲师，硕士生导师。2012 年毕业于中南大学矿物工程系，获得博士学位，现任教于昆明理工大学国土资源工程学院。主要从事浮选理论与工艺的研究，在国内外刊物上发表学术论文 10 余篇，先后主持国家自然科学基金 1 项、省级项目 2 项，参与多项国家级、省级项目及横向课题。

    胡岳华，1962 年 1 月出生于湖南湘潭，中南大学教授、博士生导师。1989 年获得矿物工程系博士学位，现任中南大学副校长、国际矿物加工委员会教育分会委员、中国有色金属学会选矿学术委员会副主任、中国矿业协会选矿委员会副主任。主要从事矿物加工工程学、表面及胶体化学、溶液化学、电化学等多学科交叉领域的研究工作。先后承担了国家科技支撑计划，国家 973 计划，国家 863 计划、国家自然科学基金重点项目，国家杰出青年科学基金等省部级科研项目等 30 多项。出版专著 5 本，在国内外科技期刊及重要学术会议上发表论文 210 余篇，获授权发明专利 20 项，多项成果实现转让和工业应用，取得显著经济效益。先后获得国家科技进步一等奖 2 项、二等奖 1 项，国家级图书奖 3 项，中国高校十大科技进展 1 项，省部级自然科学一等奖 2 项、科技进步和技术发明一等奖 3 项。获得"霍英东教育基金会全国高等院校青年教师奖"、"中国青年科技奖"、"国家级教学名师"、"中国有色金属工业优秀科技工作者"等多项表彰，入选国家教育部"百千万人才工程"人才计划及"万人计划"百千万工程领军人才，受聘教育部长江学者奖励计划—特聘教授。

王毓华，1964 年 8 月出生于湖北鄂州，中南大学教授、博士生导师。1996 年毕业于中南大学矿物加工工程系，获得博士学位，2009—2010 年澳大利亚昆士兰大学化学工程学院访学。主要从事矿物浮选与浮选药剂、矿物原料复合力场分选理论、设备与工艺、再生资源利用与环境工程研究。在国内外刊物上发表学术论文 25 篇，出版学术专著 3 部，主持参与 2 项国家重大基础研究项目(973)及 1 项国家十二五支撑计划课题。

学术委员会

Academic Committee

国家出版基金项目
有色金属理论与技术前沿丛书

主 任
王淀佐　中国科学院院士　中国工程院院士

委 员 （按姓氏笔画排序）

于润沧	中国工程院院士	古德生	中国工程院院士
左铁镛	中国工程院院士	刘业翔	中国工程院院士
刘宝琛	中国工程院院士	孙传尧	中国工程院院士
李东英	中国工程院院士	邱定蕃	中国工程院院士
何季麟	中国工程院院士	何继善	中国工程院院士
余永富	中国工程院院士	汪旭光	中国工程院院士
张文海	中国工程院院士	张国成	中国工程院院士
张 懿	中国工程院院士	陈 景	中国工程院院士
金展鹏	中国科学院院士	周克崧	中国工程院院士
周 廉	中国工程院院士	钟 掘	中国工程院院士
黄伯云	中国工程院院士	黄培云	中国工程院院士
屠海令	中国工程院院士	曾苏民	中国工程院院士
戴永年	中国工程院院士		

总序

当今有色金属已成为决定一个国家经济、科学技术、国防建设等发展的重要物质基础，是提升国家综合实力和保障国家安全的关键性战略资源。作为有色金属生产第一大国，我国在有色金属研究领域，特别是在复杂低品位有色金属资源的开发与利用上取得了长足进展。

我国有色金属工业近30年来发展迅速，产量连年来居世界首位，有色金属科技在国民经济建设和现代化国防建设中发挥着越来越重要的作用。与此同时，有色金属资源短缺与国民经济发展需求之间的矛盾也日益突出，对国外资源的依赖程度逐年增加，严重影响我国国民经济的健康发展。

随着经济的发展，已探明的优质矿产资源接近枯竭，不仅使我国面临有色金属材料总量供应严重短缺的危机，而且因为"难探、难采、难选、难冶"的复杂低品位矿石资源或二次资源逐步成为主体原料后，对传统的地质、采矿、选矿、冶金、材料、加工、环境等科学技术提出了巨大挑战。资源的低质化将会使我国有色金属工业及相关产业面临生存竞争的危机。我国有色金属工业的发展迫切需要适应我国资源特点的新理论、新技术。系统完整、水平领先和相互融合的有色金属科技图书的出版，对于提高我国有色金属工业的自主创新能力，促进高效、低耗、无污染、综合利用有色金属资源的新理论与新技术的应用，确保我国有色金属产业的可持续发展，具有重大的推动作用。

作为国家出版基金资助的国家重大出版项目，《有色金属理论与技术前沿丛书》计划出版100种图书，涵盖材料、冶金、矿业、地学和机电等学科。丛书的作者荟萃了有色金属研究领域的院士、国家重大科研计划项目的首席科学家、长江学者特聘教授、国家杰出青年科学基金获得者、全国优秀博士论文奖获得者、国家重大人才计划入选者、有色金属大型研究院所及骨干企业的顶尖专家。

国家出版基金由国家设立，用于鼓励和支持优秀公益性出版项目，代表我国学术出版的最高水平。《有色金属理论与技术前沿丛书》瞄准有色金属研究发展前沿，把握国内外有色金属学科的最新动态，全面、及时、准确地反映有色金属科学与工程技术方面的新理论、新技术和新应用，发掘与采集极富价值的研究成果，具有很高的学术价值。

中南大学出版社长期倾力服务有色金属的图书出版，在《有色金属理论与技术前沿丛书》的策划与出版过程中做了大量极富成效的工作，大力推动了我国有色金属行业优秀科技著作的出版，对高等院校、研究院所及大中型企业的有色金属学科人才培养具有直接而重大的促进作用。

2015 年 12 月

目录/

Contents

第 1 章 绪论

1781 年瑞典的化学家卡尔·威廉·舍勒发现重石(白钨矿),并从中提取出了钨酸,1783 年西班牙人德普尔亚在黑钨矿中也提取出了钨酸,并运用碳还原三氧化钨得到了钨粉,从而对钨元素进行命名。钨是一种稀有金属,也是重要的战略物资,广泛应用于冶金机械、石油化工、建筑、航空航天和国防工程等各领域。我国钨资源储量丰富,在世界钨产业中具有举足轻重的地位。自然界中已发现的钨矿物有 20 多种,其中最具工业意义的主要有白钨矿和黑钨矿[1-7]。

1.1 含钙矿物的基本特性

含钙矿物主要有钨酸盐、碳酸盐、氟化物、磷酸盐和硅酸盐等,其中典型的含钙矿物有白钨矿($CaWO_4$)、方解石($CaCO_3$)、萤石(CaF_2)、磷灰石($Ca_3(PO_4)_2$)和蛇纹石($CaMgSiO_4$)等。本书主要研究白钨矿、萤石和方解石三种矿物。

白钨矿($CaWO_4$)的理论组成为 CaO 19.4%、WO_3 80.6%。与 Mo、Cu、Tr、Mn、Fe^{3+}、Nb、Ta、U、Ir、Ce、Pr、Sm、Zn、Nd 等离子可呈类质同象代替进入白钨矿晶格中,形成钼钨矿和含铜钨矿等。白钨矿的晶体结构属于四方晶系,为近于八面体的四方双锥,也有呈板状,主要单形为四方双锥 e 和 p,四方双锥 e 的晶面常具斜纹和蚀象,依(110)成双晶。空间群为 $I41/a$,晶胞参数 $a=b=0.5243$ nm、$c=1.1376$ nm、$\alpha=\beta=\gamma=90°$,由沿 c 轴方向稍扁平的四面体和 Ca 离子沿 c 轴相间排列而成,原子间距 $W-O(4)=0.178$ nm、$Ca-O(8)=0.246$ nm,如图 1-1(a)所示。$CaWO_4$ 晶体中的络阴离子为 $W-O_4$ 四面体,四面体是由 Ca^{2+} 联结起来的。$W-O_4$ 四面体在晶体中的分布:有 1 个二次对称轴与晶轴 c 平行,另外两个二次对称轴与晶轴 a、b 相交成 45°,沿水平方向分布,$W-O_4$ 四面体在 c 轴方向上是一个被压扁的四面体。四面体顶角上的 O^{2-} 与 W^{8+} 之间均为等距,但是键角不同,Ca^{2+} 与 O^{2-} 在 c 轴方向和在水平方向上的 O^{2-} 距离不同,在 c 轴方向的距离比在 a 轴方向距离远。Ca^{2+} 与 $W-O_4$ 四面体顶角上的 8 个 O^{2-} 联结成 $Ca-O_8$ 立方体[8-10]。白钨矿晶体中,(101)面、(111)面和(001)面为其最常见的解理面[11],构成近似八面体的四方双锥或呈板状[12]。各晶面断裂键密度大小顺序为:$(101)_{Ca-WO4}>(010)>(110)>(101)_{WO4-WO4}=(101)_{Ca=Ca}\geq(111)>(001)$[13]。

白钨矿属于离子键或离子晶格，其离子晶体中含有阴离子基团 WO_4^{2-}，由 W 与 O 以共价键形式强烈地结合在一起，离子基团与 Ca^{2+} 离子靠离子键结合。

萤石(CaF_2)的理论组成为 Ca 51.15%、F 48.9%，Y、Ce、Fe、Al 等常以类质同象替代 Ca，Cl 替代 F。萤石呈立方体、八面体或菱形十二面体晶形以及它们的聚形，属于立方晶系 Fm3m 空间群，其晶胞参数 $a = b = c = 0.546$ nm、$Z = 4$，Ca^{2+} 位于立方面心的节点位置，F^- 位于立方体内的八个小立方体的中心，Ca^{2+} 和 F^- 的配位数分别为 8 和 4，如图 1-1(b)所示。在萤石结构中，{111} 面网的间距虽非最大，但该方向存在由 F^- 离子组成的相邻面网，由于静电斥力使其面网间联结力弱，导致解理沿 {111} 面网产生。萤石属于较复杂的离子晶格，结晶层面有两种，一种是 F^- 离子与 Ca^{2+} 离子相互排列，离子间有较强的化学亲和力；另一种是 F^- 离子之间并列排列，两种离子为同电性离子相互排斥，易于断裂。

方解石($CaCO_3$)的理论组成为 CaO 56.03%、CO_2 43.97%，Mg、Fe、Mn、Zn、Pb、Sr、Ba、Co 等常类质同象替代 Ca，当类质同象达到一定量时，可形成锰方解石、铁方解石、锌方解石、镁方解石等变种。方解石的晶体结构属于三方晶系，菱面体晶胞的参数为 arh $= 0.637$ nm、$\alpha = 46°5'$、$Z = 2$，如果转换成六方(双重体心)格子，则 $ah = 0.499$ nm、$ch = 1.706$ nm、$Z = 6$，点群 D_{3d}^6—R_{3c}^-，在六方坐标系中，基矢 $a_0 = 4.99$Å、$c_0 = 17.06$Å。方解石的结构可视为 NaCl 型结构的衍生结构，即 NaCl 结构中的 Na^+ 和 Cl^- 分别由 Ca^{2+} 和 $[CO_3]^{2-}$ 取代，其原立方面心晶胞沿某一三次轴方向压扁而呈钝角菱面体，即成为方解石的结构。结构中 $[CO_3]^{2-}$ 平面三角形皆垂直于三次轴分布。在整个结构中，O^{2-} 成层分布，在相邻层中 $[CO_3]^{2-}$ 三角形的方向相反，Ca 的配位数 6，如图 1-1(c)所示。方解石各晶面断裂键密度的大小顺序为：$(10\bar10) > (2\bar1\bar34) > (0001) > (0\bar118) > (10\bar14)$，故方解石受外力作用时，很容易解理产生 $(10\bar14)$ 面，$(10\bar14)$ 面是方解石晶体的完全解理面。实验上证实方解石的稳定生长面是 {104} 面，表面存在高度约为 3 Å 的单分子台阶[14]。方解石属于离子键或离子晶格，其离子晶体中含有阴离子基团 CO_3^{2-}，由 C 与 O 以共价键形式强烈地结合在一起，离子基团与 Ca^{2+} 离子靠离子键结合。当矿物破碎时，阴离子内部的共价键一般不会被破坏而是优先破坏离子间结合的离子键，使得矿物表面呈强的离子键，导致矿物表面呈现出强的亲水性[15-20]。

白钨矿、萤石和方解石等含钙矿物均属于可溶性盐类矿物，溶解度很大，其溶解度为 1.7×10^{-5} mol/L、2.0×10^{-4} mol/L、1.3×10^{-4} mol/L。矿物在水溶液中发生溶解，溶解组分在水溶液中会进一步发生水解，或在矿物表面发生络合或吸附等，从而使得矿浆中的化学成分更加复杂[21]。白钨矿、萤石和方解石溶解产生的 Ca^{2+} 离子及阴离子在溶液中的浓度均大于 10^{-5} mol/L，足以对矿物的浮选产生影响。

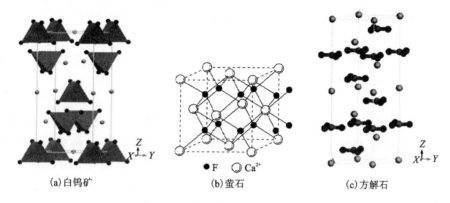

(a)白钨矿　　　　　　　● F　○ Ca²⁺　　　　　　　(c)方解石
(b)萤石

图1-1　三种含钙矿物的晶体结构

Fig. 1-1　Crystal structures of three calcium containing minerals

白钨矿在水溶液中会发生优先解离，Ca^{2+} 离子比 WO_4^{2-} 离子优先转入溶液中，从而白钨矿表面缺乏 Ca^{2+} 离子，WO_4^{2-} 离子过剩，导致白钨矿表面带负电。在白钨矿的饱和水溶液中，当 pH < 4.7 时，溶液中存在钨酸（H_2WO_4）沉淀；当 4.7 < pH < 13.71 时，溶液中没有沉淀产生，主要有 Ca^{2+}、WO_4^{2-}、HWO_4^- 和 $CaOH^+$ 等离子存在；pH > 13.71 时，溶液中会产生氢氧化钙［$Ca(OH)_2$］沉淀；根据白钨矿在饱和水溶液中的溶解组分图可以推测出白钨矿的理论等电点 IEP = 1.3，在 4.7 < pH < 13.71 范围内，白钨矿在水溶液中的动电位基本保持不变，其定位离子为 Ca^{2+} 和 WO_4^{2-}[22]。

萤石在水溶液中的解离正好与白钨矿相反，F^- 离子比 Ca^{2+} 离子易溶于水，于是其表面就会存在大量的 Ca^{2+} 离子，使得萤石表面荷正电[19, 23]。在萤石的饱和溶液中，低 pH 条件下溶液中的定位离子主要是 Ca^{2+} 离子，随着 pH 的增加，溶液中产生了大量的 F^- 离子，出现两种定位离子，即 Ca^{2+} 和 F^- 离子；根据萤石在饱和水溶液中的溶解组分图可以推测出萤石的理论等电点 IEP = 10.5。

在方解石的饱和溶液中，当 pH < 6 时，溶液中的定位离子主要是 $CaOH^+$；当 pH > 6 时，溶液中的 HCO_3^- 和 CO_3^{2-} 离子浓度逐渐增加，从而使得定位离子发生变化，方解石表面带负电。

白钨矿、萤石和方解石溶解产生的 Ca^{2+} 离子在水溶液中进一步发生水解反应生成 H^+ 离子，而阴离子也会与水反应产生 OH^- 离子，从而对矿浆 pH 起到一定的缓冲作用，将影响矿浆 pH 的调节[24]。含钙矿物溶解产生的 WO_4^{2-}、F^- 和 CO_3^{2-} 等会在矿物表面发生吸附产生化学反应，导致矿物表面的相互转化，从而使得矿物表面的性质发生变化，当几种含钙矿物同时存在于矿浆中时，将会表现出相似的表面物理化学性质和可浮性[25-30]。

在生产实践中，白钨矿难免会与其他含钙矿物存在于同一体系中，导致在溶液体系中矿物间发生相互的转化。根据白钨矿、萤石和方解石在饱和水溶液中的溶解情况，可以类推出当有两种或两种以上矿物共存时矿浆中可能发生的反应。

在白钨矿/萤石体系中，存在如下反应：

$$CaF_{2(s)} + WO_4^{2-} \rightleftharpoons CaWO_{4(s)} + 2F^- \qquad (1-1)$$

根据此体系中平衡反应计算出的表面化学转化的临界曲线可以得出，在整个 pH 范围内白钨矿和萤石共存时，白钨矿溶解产生的 WO_4^{2-} 离子能在萤石表面发生反应生成 $CaWO_4$ 沉淀，而 F^- 离子不能在白钨矿表面反应生成 CaF_2 沉淀。

在白钨矿/方解石体系中，存在如下反应：

$$CaCO_{3(s)} + WO_4^{2-} \rightleftharpoons CaWO_{4(s)}^{\cdot} + CO_3^{2-} \qquad (1-2)$$

根据体系中平衡反应计算出的表面化学转化的临界曲线可以得出，在一定的 WO_4^{2-} 和 CO_3^{2-} 离子浓度的条件下白钨矿和方解石可以相互转化[31]。

从白钨矿、萤石和方解石的基本性质可以看出，三种矿物的晶体结构、解理面及其表面物理化学性质等有一定差异，可从晶体结构方面入手，从微观角度去研究三种矿物自身的差异及在浮选过程中行为的差异；鉴于其在溶液中发生的平衡反应，应考虑其溶解组分及表面转化对浮选产生的影响，通过微观研究指导调整浮选条件，达到白钨矿与萤石和方解石分离的目的。

1.2 白钨矿与含钙脉石矿物分离工艺研究现状

钨矿床按矿化类型可划分为矽卡岩型、石英脉型、岩体型和盐卤型四类。矽卡岩型钨矿主要采用浮选 + 化学选矿的工艺，石英脉型采用预先富集 + 重选的选矿工艺，岩体型的选矿工艺主要是重选 + 浮选(少数需预先富集)，一般采用化学选矿(离子交换)的工艺选别盐卤型钨矿。白钨矿矿石类型主要有白钨矿 - 含钙脉石矿物(萤石、方解石等)及白钨矿 - 硅酸盐矿物(石英等)两大类，其中白钨矿 - 含钙脉石矿物型矿石的选别分离更难，主要是由于白钨矿与含钙脉石矿物的特性很相似[19,32-37]。在白钨矿选矿的生产实践中，其处理方法主要有重选、磁选、化学选矿[38-48]、浮选及其组合工艺。

1.2.1 重选

白钨矿、萤石和方解石的密度分别为 6.1 g/cm³、3.18 g/cm³ 和 2.71 g/cm³，根据重选可选性判断准则 $E = (D_h - D_f)/(D_l - D_f)$ 可算出当重选介质为水时白钨矿与萤石和方解石的 E 分别为 2.34 和 2.98，属于易重选分离的矿物，说明采用重选可以实现白钨矿与萤石和方解石的分离。由于重选的难易程度不只与物料的密度有关，还与物料的粒度有关，随着物料粒度的减小，重力场中的分选力衰减极为强烈，使得重力分选性变差[24]。

白钨矿嵌布粒度一般偏细，要磨至小于0.2 mm才能使其单体基本达到解离，从而增加了重选的难度。根据白钨矿嵌布粒度细的特点，可选用螺旋溜槽和细泥刻槽摇床等选别细粒级物料的重选设备。重选主要用于重–浮联合流程，实现对矿石进行预先抛尾，降低后续浮选环节的负荷量，同时也可去除白钨矿中部分含钙脉石矿物，如萤石、方解石等，减小含钙脉石矿物对浮选的影响[40, 49]。

江西某地的矽卡岩型白钨矿主要由白钨矿、黄铁矿、黄铜矿、透辉石、萤石和方解石等矿石组成，白钨矿主要呈中细粒嵌布，原矿WO_3的品位为1.47%。通过重选可预先抛弃约75%的尾矿，所获得重选粗精矿的品位为WO_3 30.5%，回收率可达74.8%；重选粗精矿和溢流矿分别进行浮选，最终可得白钨精矿品位为WO_3 66.58%，回收率为82.15%[50, 51]。针对柿竹园矿500 t/d选厂的选矿工艺，通过在其二段磨矿分级返砂中增设圆锥选矿机和螺旋溜槽，得到了黑钨、白钨和铋三种精矿，避免了高品位钨矿的过粉碎，使得钨的总回收率进一步提高[52]。通过采用跳汰和摇床预先富集低品位白钨矿除去黄玉，再浮选可得到理想的选别指标[53]。采用预先分级—中矿再磨—摇床分选的重选工艺处理云南某石英脉型白钨矿时，获得了品位62.84%、回收率70.03%的白钨矿精矿[54]。采用旋流器预先脱泥—细筛除细—螺旋溜槽选钨—摇床选黑钨—浮选白钨的联合工艺，可从硫化矿浮选尾矿的获得黑钨矿和白钨矿[55]。采用重选预富集—浮选—重选联合流程处理含WO_3 0.12% ~ 0.36%、占77.47% –0.043 mm粒级的原次生钨细泥，所得白钨矿精矿含WO_3 36.62% ~ 38.76%、回收率为29.82% ~ 47.14%[56]。

虽然重选在钨矿选矿的生产实践中有大量的应用，且对环境污染小，成本相对较低；但其处理能力小，对于细粒物料的选别效果较差，生产流程复杂，因此，一般都是与浮选联合使用。

1.2.2 化学选矿

在白钨矿选别过程中，化学选矿方法主要用于获得高品位的钨精矿[57]，其方法主要有：

（1）苛性钠浸出法[58-65]。氢氧化钠浸出工艺由最初的用于黑钨矿分解逐步扩展到处理白钨矿精矿和中矿中，其反应原理为：

$$CaWO_{4(s)} + 2NaOH_{(aq)} \Longleftrightarrow Na_2WO_{4(aq)} + Ca(OH)_{2(s)} \qquad (1-3)$$

通过研究人员的试验研究及工业实践得出：苛性钠浸出法选择性高，对白钨矿的分解完全，该法处理量大，操作简单，易于控制；但杂质成分很难被分解，针对不同性质的白钨矿，需通过调整工艺才能获得符合标准的产品。

（2）苏打高压浸出法。该法主要运用于低品位的白钨矿浮选精矿，其反应原理为：

$$CaWO_{4(s)} + Na_2(CO_3)_{(aq)} = Na_2WO_{4(aq)} + CaCO_{3(s)} \tag{1-4}$$

在该浸出法中加入的过量碳酸钠和分解白钨矿生成的碳酸钙会覆盖于方解石等杂质矿物表面，从而阻止其分解，降低了杂质的浸出率[66,67]。采用浮选和碳酸钠高压釜浸出法处理铜铁矿浮选尾矿中 WO_3 含量为 0.03% 的微量白钨矿时，在半工业试验中通过浮选可获得含 WO_3 37.67%、回收率为 33.09%。所获钨浮选精矿再运用高压釜碳酸钠法制造人造白钨，其平均品位含 WO_3 73.37%、回收率95.15%[68]。采用物理选矿＋碳酸钠高压浸出的联合工艺处理 Kreghystan 的多金属锡钨矿时，在适宜的焙烧和浸出条件下，WO_3 的回收率可达95%[69]。

（3）酸分解法。工业上生产标准白钨精矿的主要方法是酸分解法，白钨矿在酸溶液中容易分解，从而达到生产要求的纯度，从理论上讲，盐酸、硫酸和硝酸等酸都可以使白钨矿分解，但在生产上一般选用盐酸，分解率高达99%[70]，其反应原理为：

$$CaWO_{4(s)} + 2HCl_{(aq)} = H_2WO_{4(s)} + CaCl_{2(aq)} \tag{1-5}$$

在处理江西某低品位白钨时，通过将稀盐酸加入低品位白钨矿及中矿中，进行酸洗，再过滤洗涤，可除去方解石等钙质碳酸盐及部分其他有害杂质，获得符合国家 GB2825—81 标准的白钨矿精矿[71]。将传统的白钨矿酸法处理工艺进行改进，采用酸法和碱法联合使用的工艺，可生产出高纯 APT，该工艺的盐酸用量和蒸汽消耗均比单一使用酸法工艺有大幅度的降低，生产环境也有很大的改善[72]。但是采用酸浸法一般只能除去碳酸盐、磷酸盐等可溶性脉石，而对于萤石等难溶性盐类脉石则难于除去[73]。在用盐酸浸出白钨矿的过程中添加螯合药剂多聚磷酸盐，可以使得低品位的白钨精矿浸出率达到99%以上[74]。

（4）NaF 浸取[75]。F^- 与白钨矿（$CaWO_4$）的反应速度比 CO_3^{2-}、Cl^- 等离子快，其浸出速度相应的也会快些[57]，其反应原理为：

$$CaWO_{4(s)} + 2NaF_{(aq)} = Na_2WO_{4(aq)} + CaF_{2(s)} \tag{1-6}$$

1.2.3 浮选

在工业上，白钨矿一般多采用浮选工艺进行选别。随着白钨矿资源的不断开采，矿石性质也在不断的变化，对生产工艺和环境保护也越来越高，白钨矿的浮选工艺也在逐步发展，主要包括加温浮选法、常温浮选法和新工艺。

（1）加温浮选法

白钨矿加温浮选法最典型的工艺是 20 世纪 40 年代末期苏联的彼得罗夫提出的彼得罗夫法，该工艺是在高碱度、强搅拌、高水玻璃浓度及高温条件下进行浮选。彼得罗夫法主要应用于白钨矿经粗选后的精选中，随着科学研究的不断深入，科技工作者也在对其进行不断的改进，使其更能适应不同类型、不同产地白钨矿的选别。

采用改进了的"彼德罗夫法"处理湖南某地的特大型含钨多金属矿的黑白钨混合精矿时，在加温浮选阶段添加改性水玻璃进行浮选，得到白钨精矿的 WO_3 含量大于 65%，对混合精矿中的回收率为 96%[76]。将水玻璃和硫化钠的混合药剂作为调整剂加入黑白钨混合精矿加温精选的过程中，有效地分离了白钨矿与方解石、萤石等含钙脉石矿物[77]。在对含 WO_3 为 0.418% 的原矿进行研究时，将水玻璃与 MS 的混合药剂替代单一的水玻璃加入白钨矿的加温精选中，得到含 WO_3 67.87%、回收率为 85.99% 的白钨矿精矿[78]。对于江西某含 WO_3 品位为 0.21% 且嵌布关系较复杂的白钨矿石，采用一粗三精三扫常温浮选，再加温至 90 ~ 95℃，搅拌、解吸 60 min 后采用一粗三精三扫加温精选可获得 WO_3 品位为 68.19%、回收率为 74.68% 的钨精矿[79]。

彼得罗夫法对矿石的适应性强、浮选指标稳定，但其高碱度、强搅拌及高温的工艺条件使得其对浮选设备的要求很高，对工人的工作环境也有一定的影响。

（2）常温浮选法

白钨矿常温浮选法主要应用于白钨矿 – 硅酸盐脉石型矿石的浮选过程中，经过选矿科技工作者的不断研究，在白钨矿 – 含钙脉石矿物型矿物中也得到了逐步的应用，并取得了一定的成绩。

白钨矿常温浮选研究主要有两个突破点，即强化抑制和强化捕收，强化抑制主要表现在组合抑制剂的使用。研究表明采用 731 氧化石蜡皂常温浮选法，通过一粗五精二扫的工艺可获得含 WO_3 68.65%、回收率为 84.75% 的白钨矿精矿[80]。在对湖南某矽卡岩型白钨矿（含 WO_3 0.29%）的研究中发现，经一粗二扫二精浮硫后得到白钨矿粗精矿，其中的主要脉石矿物为萤石和方解石，在对白钨粗精矿的浮选过程中添加组合抑制剂 TC（以水玻璃为主）及捕收剂 TA – 3，经强搅拌 40 min 后再浮选，所得白钨精矿的指标为含 WO_3 65.17%、回收率为 70.16%[81]。采用六精二扫的流程对选硫后的白钨粗精矿进行选别，当 KM 与水玻璃混合使用，捕收剂为 733 时，可获得品位大于 60%、回收率大于 80% 的白钨精矿[82]。

20 世纪 70 年代末期出现的"石灰法"也属于常温浮选中的一种，在白钨矿粗选过程中先加入石灰与浮选给矿一起进行搅拌，随后加入碳酸钠，再加水玻璃，可获得 WO_3 约为 10% 的粗精矿，该浮选方法主要应用于白钨矿粗选中[83]。通过对白钨矿和萤石纯矿物的研究得出石灰法中石灰、碳酸钠和水玻璃的用量比例为 1:2:5（>5）时最佳[84]。在研究广西某含萤石、方解石等脉石的矽卡岩型白钨矿过程中，采用石灰和碳酸钠作为 pH 调整剂，在常温下进行六次精选，可获得含

WO$_3$ 67.75%的白钨精矿，回收率为63.3%[85]。采用"石灰法"浮选湖南某钨矿时，在粗选时加入石灰调浆，再经常温精选，所获得的白钨精矿含WO$_3$ 68.51%、回收率为96.24%[86]。

采用CF法主干全浮选矿工艺对湖南柿竹园多金属矿中的钨进行浮选，优点是可在低温下进行浮选，其药剂制度是选用100～400 g/t的水玻璃作为抑制剂，活化剂选用硝酸铅，捕收剂选用螯合物CF，再添加少量的油酸作为起泡剂，在矿浆pH为7～9时可获得良好的白钨精矿指标[87]。

(3)新工艺

随着白钨矿资源的不断开采，矿石性质变得越来越复杂，其嵌布粒度越来越细，原有的选别工艺不一定能完全适应矿石的变化，这就需要科技工作者的进一步研究创新，因而出现了针对细粒白钨矿矿石的剪切絮凝浮选工艺。

研究发现在油酸钠溶液体系中微细粒白钨矿的剪切絮凝浮选是通过搅拌提供足够大的剪切力，在表面活性剂的作用下将微细物料絮凝成团从而达到分选目的的方法，但是絮团的大小对浮选指标有一定的影响，细粒级和粗粒级矿物颗粒的絮凝行为不同，从而导致浮选指标的差异[88-93]。Yxsjoberg选厂通过采用剪切絮凝浮选法处理含WO$_3$ 0.5%的白钨矿，获得的钨精矿含WO$_3$ 68%～75%、回收率约80%[94]。

1.3 白钨矿与含钙脉石矿物浮选分离药剂研究进展

白钨矿浮选的难点主要是与含钙脉石矿物的分离，要实现白钨矿与含钙脉石矿物的分离，就需要实现白钨矿的选择性捕收，以及对含钙脉石矿物的选择性抑制。因此，寻找或研制选择性强的捕收剂和抑制剂是白钨矿与含钙脉石矿物浮选分离的研究重点。

1.3.1 白钨矿捕收剂研究进展

白钨矿浮选过程中，常用的捕收剂可分为：阴离子捕收剂、阳离子捕收剂及两性捕收剂三大类。

(1)阴离子捕收剂

阴离子捕收剂主要包括脂肪酸类、硫酸酯类、磺酸类、膦酸类、肿酸类及羟肟酸类等。白钨矿浮选中以脂肪酸类阴离子捕收剂为主，包括油酸、油酸钠、731、733、妥尔油、环烷酸及天然脂肪酸等；磺酸类捕收剂则主要与脂肪酸类混合使用[95-99]。也有研究表明，混合脂肪酸可提高捕收剂对白钨矿的捕收能力[100]。

　　在白钨矿浮选生产实践中，运用最为广泛的脂肪酸类阴离子捕收剂是氧化石蜡皂系列药剂，如 731、733 等。在回收硫化矿浮选尾矿中的白钨矿时，采用 731 为捕收剂，经过一粗五精二扫的流程，可获得满意的浮选指标[101-104]。研究云南某白钨矿时，将捕收剂 733 和 731 进行了对比实验，结果表明 733 的浮选指标优于 731，在 733 的作用下，经一粗五精三扫的闭路流程可获得含 WO_3 63.17%、回收率为 86.32% 的白钨精矿[78]。在改进了的"彼得罗夫法"（常温粗选 + 加温精选）中采用 733 作为捕收剂，也可获得较好的白钨矿浮选指标[79]。采用 Y-17 脂肪酸钠盐作为捕收剂能有效的分离白钨矿与萤石、方解石等脉石矿物，所获得的白钨矿精矿产品比氧化石蜡皂的要高出一个品级，其品位更高，所含的有害杂质也少很多[105]。

　　广州有色金属研究院开发研制的肟基类药剂（GY 系列）在白钨矿浮选中也得到了广泛的应用。采用 GY 系列作捕收剂，在改性水玻璃、铅盐的作用下，经过粗选 + 加温精选获得白钨矿精矿，精选尾矿再浮选获得黑钨矿精矿，GY 与氧化石蜡皂 733 相比，其粗精矿产率低，降低了闭路流程的负荷，精矿品位大幅提高[106, 107]。GY 系列捕收剂的发展主要经历了三个阶段：①苯甲羟肟酸 + 妥尔油组合，在处理含 WO_3 0.62%、钙矿物含量大于 50% 的钨矿时，当 pH=7.5~8.5、活化剂选用硝酸铅、抑制剂为水玻璃 + 硫酸铝、捕收剂为苯甲羟肟酸 + 妥尔油时，采用一粗 + 三精 + 三扫的浮选工艺流程，可获得 WO_3 品位为 26.04%、回收率为 82.36% 的浮选粗精矿[108]。②苯甲羟肟酸 + 731 组合，当采用组合药剂（GYW + 731）做捕收剂，新型药剂 WH 做活化剂，实现了该低品位难选白钨矿的常温浮选，闭路试验获得了品位为 35.11%、回收率为 72.20% 的钨精矿。[109]③苯甲羟肟酸 + 改性脂肪酸组合，当采用 GYB 与 ZL 组合药剂处理含 WO_3 0.81% 的钨矿时，通过使用常温粗选可获得含 WO_3 30.07%、回收率为 88.79% 的粗精矿，再经过加温精选获得的白钨矿精矿含 WO_3 68.24%、回收率为 60.02%[110, 111]。采用优先浮硫 + 白钨常温粗选 + 加温精选的工艺浮选白钨矿时，选用捕收剂 FW、731、油酸钠和 GYR 进行对比，结果表明捕收剂为 GYR 时所得的白钨粗精矿的指标相对更优[112]。在对白钨矿、萤石和方解石的单矿物和实际矿石的研究中发现当 CKY（羟肟酸类捕收剂）与油酸钠混合使用时对白钨矿的捕收性能较强，对萤石和方解石的捕收性能相对较弱，在适当调整剂作用下，可实现白钨矿与萤石、方解石的有效分离[113]。在回收钼矿物中的白钨矿时采用 4，5，6，7-环己烯-3-噻吩-羟肟酸捕收白钨矿，相较于采用油酸钠为捕收剂时可提高白钨精矿的指标，减小其在尾矿中的损失[114]。

　　采用广州有色金属研究院开发研究的选钨药剂 FW 浮选云南某含 WO_3 0.94% 的重选白钨粗精矿，经优先浮硫 + 常温粗选 + 加温精选的工艺流程后，获得白钨矿精矿含 WO_3 66.13%、回收率为 86.1%[115]。针对某含大量萤石、方解石等含钙脉石矿物的矿石，选用 FW2 为捕收剂进行浮选，经重选—重选中矿和尾矿再磨并与重选细泥合并浮选的工艺，所得综合白钨精矿含 WO_3 68.7%、回收率为 92.05%[116]。采用新型捕收剂 F9 浮选含 WO_3 0.39%的白钨矿，经优先浮选 + 常温粗选 + 加温精选工艺流程，可得含 WO_3 67.35%、回收率 80.09%的白钨精矿[117]。

选用含有磺酸基的阴离子捕收剂硫化琥珀酸钠可处理低品位（含 WO_3 0.04%）的白钨矿，在矿浆 pH 为 3.5 的条件下，可获得含 WO_3 14%、回收率大于 90%的白钨粗精矿[118]。已有研究发现，含有酰氨基的阴离子捕收剂在浮选低品位含钙矿物时，在以木质素为抑制剂、甲基喹啉为调整剂的条件下，可获得含 WO_3 70.6%、回收率为 70%的白钨精矿[119-121]。

湖南有色金属研究院研制开发出了一种新型的低品位白钨矿捕收剂，即 K 捕收剂。在对含 WO_3 0.32%的瑶岗仙多金属矿中白钨矿的研究过程中，采用 K 捕收剂，通过常温粗选 + 加温精选工艺流程，所获得的白钨矿浮选精矿含 WO_3 64.76%、回收率为 87.76%，其指标明显优于 733 的指标[122]。

（2）阳离子捕收剂

白钨矿在水溶液中其表面一般荷负电，而萤石荷正电，白钨矿表面相对于含钙脉石矿物的电位更负，这就说明阳离子捕收剂捕收白钨矿从理论上来说是可行的，很多科研工作者在这方面也取得了成功。

有学者曾研究过松香胺醋酸盐、椰油胺醋酸盐、牛脂胺醋酸盐及松香胺作为捕收剂时，对白钨矿浮选行为的影响，结果表明松香胺醋酸盐的选择性捕收能力最强。诺布里特曾选用丁烷二胺研究过白钨矿的浮选，在选用十二烷基氯化铵作为捕收剂浮选白钨矿的研究中发现，随着矿浆中 Ca^{2+} 浓度的增加，回收率也随之有所降低[123,124]。双十烷基二甲基氯化铵（DDAC）、二辛基二甲基溴化铵（DDAB）和三辛基甲基氯化铵（TOAC）对白钨矿和方解石的浮选分离的选择性比传统的阴离子捕收剂油酸钠更好，对白钨矿的捕收能力更强[125,126]。采用醋酸十二胺，通过粗选和精选所获得的白钨矿精矿含 WO_3 65%、回收率为 91%[127]。胺类药剂作为白钨矿和方解石浮选分离的捕收剂时，矿浆 pH 对其浮选效果影响很大，当选用松香胺醋酸盐为捕收剂浮选含 WO_3 5.93%的白钨矿时，可获得含 WO_3 63.59% ~65.51%、回收率为 96.54% ~91.41%的白钨矿精矿[127,128]。研究表明，阳离子捕收剂烷基胺对含钙矿物的捕收能力为白钨矿 > 重晶石 ~磷灰石 > 萤石 ~方解石[129]。

CF（亚硝基苯胲铵盐）法是指在低温下浮选白钨矿时，在 $Pb(NO_3)_2$ 的活化作用下，采用水玻璃和 CMC 为抑制剂、CF 为捕收剂及 OS - 2 或油酸为起泡剂；研究表明 $Pb(NO_3)_2$ 能强烈活化白钨矿，提高 CF 对白钨矿的捕收能力，但基本不活化萤石和方解石，这就为白钨矿与萤石和方解石的有效分离创造了有利条件[130, 131]。阳离子捕收剂二辛基二甲基溴化铵（BDDA），通过单矿物和混合矿实验显示当 pH 在 8 ~ 10 时，BDDA 对白钨矿的选择性捕收能力优于油酸钠[132]。

对于同系列季铵盐中，烃链中碳原子数的增加，有利于其对白钨矿、萤石和方解石捕收能力的增强，如 1831 > 1231、1821 > 1221；当烃链长度相同时，1221 > 1231、1821 > 1831。在碱性条件下，随着烷基伯胺盐碳链长度的增加，对白钨矿、萤石和方解石的捕收能力随之减弱，但可浮性差异不大，在弱碱性和酸性条件下，白钨矿与萤石、方解石的可浮性差异更大，能实现三种矿物的有效分离[133]。

（3）两性捕收剂

两性捕收剂在白钨矿浮选的生产中使用相对较少。β – 胺基烷基亚膦酸脂作为捕收剂浮选白钨矿时，在碱性条件下对白钨矿有较强的捕收能力，但同时也能捕收萤石[134]。在弱碱性条件下，α – 苯氨基苯甲基膦酸（BABP）通过改变矿物表面的动电位，使白钨矿与萤石、方解石得到有效的分离，其对含钙矿物捕收能力的强弱关系为磷灰石≪白钨矿 < 方解石 ~ 萤石[135]。研究发现 nRO – X 系列烷基酰胺基羧酸捕收剂对含钙矿物捕收性能较强。从单矿物试验结果可以看出 RO – X（N – 酰基氨基乙酸）系列捕收剂中从 RO – 12（N – 十四酰基氨基乙酸）到 RO – 18（N – 二十酰基氨基乙酸）在合适的 pH 范围内均对萤石有很强的捕收能力，其中 RO – 12 和 RO – 14（N – 十六酰基氨基乙酸）对白钨矿和方解石也有一定的捕收能力；4RO – X（N – 酰基氨基丁酸）系列捕收剂对萤石、白钨矿和方解石的捕收性能与 RO – X 系列捕收剂类似；6RO – X（N – 酰基氨基己酸）系列捕收剂基本只对萤石有强捕收能力[136 - 138]。白钨矿与方解石浮选过程中，阴离子捕收剂与非离子捕收剂混合使用时的浮选指标比药剂单用时明显提高，且药剂用量显著减少[139]。

综上所述，对白钨矿浮选捕收剂的研究，主要集中于阴离子型捕收剂，且阴离子捕收剂在工业中的应用已达到了较成熟的阶段，相比之下对于阳离子捕收剂和两性捕收剂的研究则相对较少，工业上的应用也很少，因此，围绕阳离子和两型捕收剂开展进一步深入的研究，也是值得重视的课题。

1.3.2 含钙脉石矿物抑制剂研究进展

在白钨矿浮选实践中，用作含钙脉石矿物的抑制剂主要有无机抑制剂，如水玻璃、磷酸钠等，有机抑制剂，如淀粉、羧甲基纤维素等。

（1）无机抑制剂

在白钨矿浮选实践中，水玻璃系列药剂对萤石和方解石等含钙脉石矿物有很好的选择性抑制作用，但水玻璃模数、用量和矿浆 pH 对白钨精矿的指标影响很大。水玻璃属于强碱弱酸盐，在水溶液中易发生水解反应，使得其水溶液呈强碱性，水解过程可用以下方程式表示：

$$Na_2SiO_3 + 2H_2O \rightleftharpoons H_2SiO_3 + 2NaOH \quad (1-7)$$

$$H_2SiO_3 \rightleftharpoons HSiO_3^- + H^+ \quad (1-8)$$

$$HSiO_3^- \rightleftharpoons SiO_3^{2-} + H^+ \quad (1-9)$$

从水解反应过程可以看出，水玻璃的水溶液体系中含有 OH^-、H^+、Na^+、$HSiO_3^-$、SiO_3^{2-} 等离子、H_2SiO_3 分子及大量 H_2SiO_3 和 SiO_3^{2-} 聚合形成的胶团[140,141]。

水玻璃在水溶液中还可以下面方程式进行水解：

$$Na_2SiO_3 + 3H_2O \rightleftharpoons 2NaOH + Si(OH)_4 \quad (1-10)$$

水解产生的 $Si(OH)_4$ 再进行分步电离，从而在水溶液中产生大量的 $SiO(OH)_3^-$、$SiO_2(OH)_2^{2-}$ 或 $Si_4O_6(OH)_6^{2-}$ [141]。

水玻璃在白钨矿与萤石、方解石分离的加温浮选和常温浮选中均能有效地抑制萤石和方解石。邓丽红和周晓彤等[142]在处理含 WO_3 0.28% 的广东某矽卡岩型白钨矿时，在粗选和精选阶段均添加水玻璃作为抑制剂，可得到品位为 73.10%、回收率为 81.67% 的白钨矿精矿。

为了强化水玻璃的选择性抑制作用，通常在水玻璃中添加酸、金属离子（Fe^{2+}、Pb^{2+}、Mg^{2+}、Cu^{2+} 及 Al^{3+} 等）或助抑剂[143]。如在常规水玻璃中加入 $FeSO_4 \cdot 7H_2O$ 可改善其对含钙脉石矿物的抑制效果，聚丙烯酰胺在白钨精选阶段能强化水玻璃对方解石的抑制作用，使得白钨的浮选指标显著提高。在 GY 法浮选钨矿的工艺中，对含钙脉石矿物的抑制剂水玻璃进行了改性，采用改性水玻璃作为抑制剂、活化剂选用硝酸铅、螯合物 GY 作为捕收剂，可显著提高黑、白钨混合浮选的浮选指标[106]。研究发现水玻璃与 BLR 组合使用可增强抑制剂对萤石和方解石等含钙脉石矿物的选择性抑制作用，从而提高钨粗精矿的指标[144]。在白钨矿浮选中采用水玻璃与 EL 的组合抑制剂，可得到比单用水玻璃时更好的浮选指标，说明 EL 强化了水玻璃对含钙脉石矿物的抑制作用[145]。在加温精选阶段添加水玻璃 + YN 作为抑制剂，可显著改善白钨矿与脉石矿物的浮选分离效果[146]。在水玻璃中加入羧甲基纤维素和硫酸铝配制的混合抑制剂 AD 在白钨矿浮选中对含钙脉石矿物萤石和方解石等具有很强的选择性抑制作用[147]。

除水玻璃系列药剂外，磷酸盐类抑制剂在白钨矿浮选实践中也有广泛应用。研究发现六偏磷酸钠和磷酸钠对方解石均有很强的抑制作用，磷酸盐对方解石的抑制主要是溶液中各种形式的磷酸根阴离子在方解石表面发生竞争吸附，生成磷酸钙从而对方解石产生抑制作用[148,149]。对矿石性质复杂的白钨矿，一般采用优先浮选工艺优先回收矿石中的白钨矿，此时，采用六偏磷酸钠和焦磷酸钠对方解石、萤石及石英等脉石矿物有较强的选择性抑制作用，当六偏磷酸钠的浓度达到

3.27×10^{-6} mol/L 时，方解石基本不浮；亚磷酸也是萤石和方解石的有效抑制剂[150, 151]。

研究表明，水玻璃 + 偏磷酸钠作为白钨矿精选的抑制剂时，对脉石矿物有更强的选择性抑制作用，还能调节泡沫结构。水玻璃与六偏磷酸钠组合使用时，两种药剂对方解石的协同效应使得组合抑制剂相对单一使用时对方解石的抑制作用更强[152, 153]。

（2）有机抑制剂

有机抑制剂作为矿物浮选中抑制剂的一大类，相较于无机抑制剂，其种类更多、来源更广、更易设计和合成新的药剂。有机抑制剂的分子中一般都含有两个或两个以上的极性基，处于分子的两端或整个分子中，部分极性基与矿物表面发生亲固作用阻止捕收剂吸附，一部分极性基朝外形成亲水性吸附层使矿物表面亲水，从而达到抑制矿物的效果。根据药剂分子量的大小可分为小分子抑制剂和大分子抑制剂。小分子有机抑制剂的结构中一般含有—OH、—COOH、—SH 或 $\equiv$S、—NH_2、—SO_3H 等基团，大分子抑制剂主要有单宁类、淀粉类、纤维素类、木质素类、聚糖类和人工合成抑制剂。在白钨矿浮选中常用的小分子有机抑制剂主要有草酸、柠檬酸、酒石酸及乳酸等，大分子有机抑制剂主要有糊精、淀粉、CMC、EDTA（乙二胺四乙酸）、单宁、白雀树皮汁、腐殖酸钠、栲胶及多苯环磺酸盐等[96]。

对小分子有机抑制剂而言，极性基越多抑制能力越强，只有 1~2 个极性基的有机物对萤石基本没有抑制能力，带 3 个及以上极性基的有机物能有效地抑制萤石。对于含有多个羧基的有机抑制剂以离子键的化学吸附同矿物的金属离子发生作用，从而产生抑制作用。当捕收剂为烷基硫酸盐和烷基磺酸盐的混合物（FAS 软膏）时，各种小分子抑制剂对萤石的抑制能力为：柠檬酸 > 络合剂Ⅲ > 苹果酸 > 酒石酸 > 没食子酸 > 邻苯二甲酸 > 乳酸 > 丁二酸[154]。陈华强考察研究了小分子抑制剂对方解石的抑制能力和抑制机理，在油酸钠为捕收剂的条件下，柠檬酸、酒石酸、琥珀酸、草酸和苯二甲酸氢钾对方解石的抑制能力依次减弱，这几种抑制剂均含有极性基—COOH，在与矿物作用过程中—COOH 与方解石矿浆溶液中的 Ca^{2+} 发生螯合反应，从而对方解石产生抑制作用[148]。在研究白钨矿与萤石浮选分离的过程中发现柠檬酸能选择性的抑制萤石，在萤石表面发生化学吸附，实现白钨矿与萤石的有效分离。苯三酚在一定条件下也能选择性的与萤石作用，达到抑制效果[155]。有人研究了咔唑磺酸钠、蒽磺酸钠、菲磺酸钠作抑制剂对钨矿物可浮性的影响，结果表明咔唑磺酸钠抑制选择性最好[156]。

与小分子有机抑制剂相比大分子有机抑制剂的分子量更大，分子链更长，分支更多，大部分是天然产物或其加工品。单宁类分子有机抑制剂在钨矿浮选过程中应用较广，在与含钙矿物作用的过程中，单宁可与矿浆溶液中的 Ca^{2+} 发生络合或螯合反应产生羟基络合物 Ca(OH)$^+$ 等沉淀覆盖于矿物表面,使得矿物表面亲水,从而抑制含钙矿物[157]。有学者认为单宁在方解石表面的作用机理主要是:以化学吸附、氢键或静电吸附等吸附方式在方解石表面与捕收剂发生竞争吸附,或使捕收剂解析,从而达到抑制的效果[154]。栲胶作为单宁类药剂的一种,在白钨矿、萤石浮选中也有较大的应用,主要用于抑制方解石,日本的大谷钨选厂在白钨矿浮选过程中,则选用变性栲胶,获得了品位为 72.77%、总回收率为 86.76% 的白钨精矿[96]。在碱性条件下,用油酸钠作为捕收剂时,采用糊精可抑制方解石,但对萤石的可浮性基本没有影响。羧甲基纤维素是方解石和萤石的有效抑制剂,其抑制能力随着药剂醚化程度的增加而增强。聚丙烯酸(相对分子质量为 5400,含丙烯酸 22% ~ 24%)对方解石和含镁方解石等碳酸盐脉石有很强的抑制能力[158]。

近来在白钨矿浮选新型有机抑制剂方面开展了研究。研究合成的小分子抑制剂 2, 2′, 2″ - 三(1, 2, 3 - 苯三氧基)乙酸(ZJS)、2, 2′, 2″ - 三(5 - 羧基 - 1, 2, 3 - 苯三氧基)乙酸(ZMS)和大分子抑制剂羧甲基聚乙烯醇(CPVA)、羧甲基聚乙二醇(CPEG)对方解石均有较强的选择性抑制作用[159]。林强在研究有机抑制剂的过程中合成了氨基三甲叉膦酸(NTP)、乙二胺四甲叉膦酸(EDTP)、乙二胺四甲叉膦酸(HDTP)等一系列含氮的小分子有机抑制剂,该类抑制剂能有效的抑制萤石、方解石、白云石和石英[160]。

从白钨矿浮选生产实践中不难发现,目前工业上应用最多、且最有效的抑制剂仍然是水玻璃,而其他抑制剂的应用较少。对于有机抑制剂的研究,虽开展了大量的工作,但难于实现对方解石和萤石等脉石矿物的同时抑制。因此,研究有机抑制剂,实现对含钙脉石矿物的高效抑制仍然是白钨矿浮选领域的一个重要方向。

1.4 当前需要研究的内容

由于含钙矿物的晶体结构相似,具有相似的物理化学性质,在浮选体系中具有复杂的溶解行为,表面电性变化大,与浮选药剂间有较高的反应活性,且矿石易泥化,难于充分分散,加之缺少选择性好的浮选药剂,从而导致含钙矿物间的浮选分离效率低,白钨精矿质量差。为有效解决含钙矿物间的分离问题,含钙矿物浮选的基础研究被列为了"国家自然科学基金重点项目"。在已有研究成果基础上,本书基于表面物理化学、量子化学等基础理论,借助各种测试和分子模拟分析等手段,研究白钨矿与含钙脉石矿物(萤石和方解石)浮选分离抑制剂的结构与性能。

研究工作以白钨矿、萤石和方解石为研究对象,系统考察各种抑制剂对三种矿物浮选的抑制行为，寻找和确定对含钙脉石矿物（萤石和方解石）有选择性抑制作用的药剂，通过混合矿或实际矿石分离试验，进一步验证抑制剂性能；运用红外光谱、动电位测试、XPS 分析等测试手段研究了药剂与矿物的作用产物及吸附机理；采用 Material Studio 4.4 模拟软件，模拟分析抑制剂在矿物表面的吸附情况。

通过以上研究，为白钨矿浮选分离过程中含钙脉石矿物抑制剂的选择和进一步的研究提供指导和借鉴。

第2章 硅酸钠对含钙矿物
抑制性能的研究

硅酸钠的工业品俗称水玻璃,是白钨矿与萤石、方解石浮选分离过程中最常用的抑制剂。在分别以油酸钠、731为捕收剂的条件下,考察了硅酸钠为抑制剂时,矿浆pH及抑制剂浓度对白钨矿、萤石和方解石三种单矿物可浮性的影响规律;用731作捕收剂,考察了硅酸钠对白钨矿:萤石=1:1、白钨矿:方解石=1:1的二元混合矿及白钨矿:萤石:方解石=1:1:1的三元混合矿浮选分离的影响;同时还考察了金属离子对三种矿物浮选行为的影响。

2.1　试验矿样

试验所采用的白钨矿、萤石和方解石三种单矿物中,白钨矿取自青海省同德县克穆达矿业有限公司,方解石和萤石取自长沙矿石粉厂。矿样经人工挑选除杂、陶瓷颚式破碎机破碎、陶瓷球磨机磨矿,然后进行干式筛分制得 -0.074 mm粒级的矿样以备单矿物和混合矿浮选试验所用。白钨矿、萤石和方解石的化学分析如表2-1所示,X射线衍射(XRD)分析如图2-1、图2-2、图2-3所示。

表2-1　矿物纯度分析结果

Tab. 2-1　Results of mineral purity analysis

矿物名称	Ca	WO$_4$	CaF$_2$	Si	Mg
白钨矿	13.09	80.6	—	3.35	—
萤　石	—	—	97.37	2.49	—
方解石	39.45	—	—	7	0.24

由三种矿物样品的纯度分析及XRD分析结果可知,白钨矿、萤石和方解石的纯度分别为93.6%、97.37%和98.6%,均满足纯矿物浮选试验的要求。白钨矿和萤石的脉石矿物主要为石英,方解石的脉石矿物为白云石。当白钨矿:萤石=1:1(质量比)混合时,混合矿含WO$_3$为31.85%;白钨矿:方解石=1:1(质量比)混合时,混合矿含WO$_3$为32.81%;白钨矿:萤石:方解石=1:1:1(质量比)混合时,混合矿含WO$_3$为19.77%。

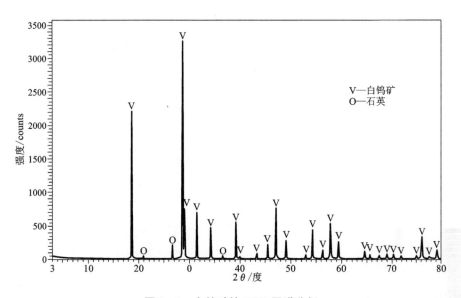

图 2 - 1　白钨矿的 XRD 图谱分析

Fig. 2 - 1　XRD analyses spectra of scheelite

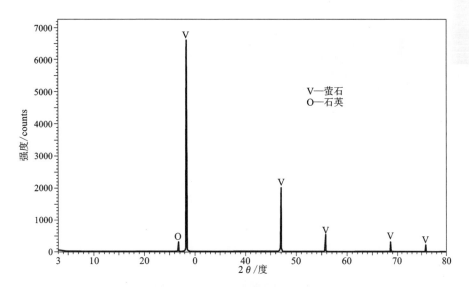

图 2 - 2　萤石的 XRD 图谱分析

Fig. 2 - 2　XRD analyses spectra of fluorite

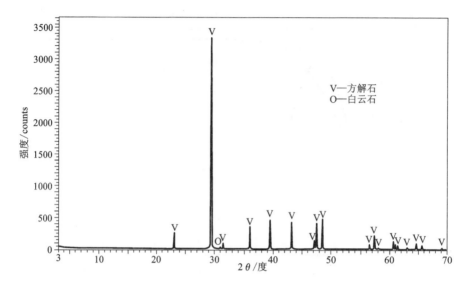

图 2 - 3   方解石的 XRD 图谱分析

Fig. 2 - 3   XRD analyses spectra of calcite

白钨矿、方解石和萤石三种矿物的比表面积测定结果见表 2 - 2，其粒度分布曲线如图 2 - 4、图 2 - 5 及图 2 - 6 所示。

表 2 - 2   纯矿物的比表面积

Tab. 2 - 2   Specific surface area of pure minerals

矿 物	白钨矿	萤石	方解石
比表面积($cm^2 \cdot g^{-1}$)	2533.03	2251.53	2596.77

由表 2 - 2 可知，三种矿物的比表面积大小为：方解石 > 白钨矿 > 萤石。图 2 - 4、图 2 - 5 和图 2 - 6 中三种矿物的粒度分析结果表明，白钨矿、萤石和方解石纯矿物样品中 - 0.074 mm 粒级的颗粒含量分别约占 80%、81% 和 92%。由此可见，白钨矿和萤石的粒度分布基本相同，方解石的粒度分布相对偏细。

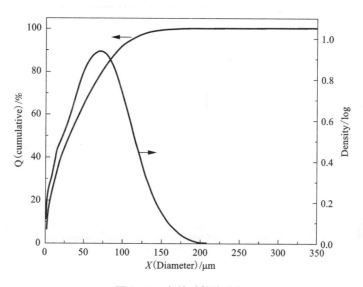

图 2-4　白钨矿粒度分析

Fig. 2-4　Particle size analysis of scheelite

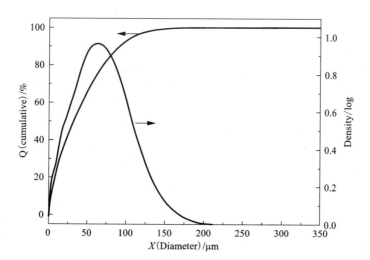

图 2-5　萤石粒度分析

Fig. 2-5　Particle size analysis of fluorite

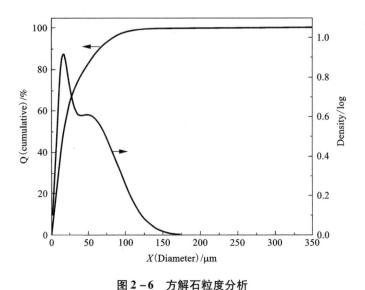

图 2 - 6　方解石粒度分析

Fig. 2 - 6　Particle size analysis of calcite

2.2　浮选试验

　　单矿物浮选试验在 SFG 挂槽浮选机中进行，挂槽有效容积为 40 mL，叶轮转速为 1900 r/min。浮选用水为去离子水，水质分析结果见表 2 - 3。试验过程如下：取 3g 矿样于 40 mL 浮选槽中，搅拌 1 min，加抑制剂搅拌 3 min，加 pH 调整剂搅拌 2 min，加捕收剂搅拌 3 min，刮泡 3 min。pH 调整剂为盐酸和碳酸钠，捕收剂油酸钠和 731 的浓度分别为 5×10^{-4} mol/L 和 75 mg/L，试验温度为 20 ± 5℃。浮选试验流程如图 2 - 7 所示。

表 2 - 3　去离子水水质分析结果

Tab. 2 - 3　Analysis results of deioned water

成　分	Ca	Na	Mg	Sb	Ni	Sn	V
含量（mg/L）	2.5	0.05	<0.01	<0.01	<0.01	<0.01	<0.01
成　分	Zn	Al	As	Cu	Fe	K	Ba
含量（mg/L）	0.1	<0.01	<0.01	<0.01	<0.01	0.14	<0.01

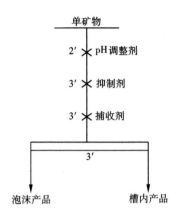

图 2 - 7　单矿物浮选实验流程

Fig. 2 - 7　Flotation flowsheet of pure minerals

2.3　油酸钠作捕收剂时，硅酸钠对含钙矿物的选择性抑制效果

当油酸钠浓度为 5×10^{-4} mol/L 时，矿浆 pH 对白钨矿、萤石和方解石可浮性的影响规律如图 2 - 8 所示。在不加抑制剂的条件下，随着 pH 的增加，白钨矿的回收率略有增加，回收率在 90% 左右；而萤石和方解石的回收率在 pH = 6 ~ 10 范围内均保持在 95% 以上。

当油酸钠浓度为 5×10^{-4} mol/L、抑制剂硅酸钠的浓度为 0.5 g/L 时，考察了矿浆 pH 对三种矿物可浮性的影响，试验结果如图 2 - 9 所示。

图 2 - 9 与图 2 - 8 中不加抑制剂的试验结果相比，添加浓度为 0.5 g/L 的硅酸钠对萤石的浮选有一定的抑制作用，在 pH < 8.5 的条件下，白钨矿和方解石的回收率也略有下降。随着 pH 的增加，白钨矿的回收率由 75.14% 增加至 86.55%，方解石的回收率由 90.94% 增加至 98.33%；而萤石的回收率则在 pH = 10.0 时达到最低值，为 72.24%，因此，选择 pH ≈ 10 为抑制剂浓度试验的 pH。

油酸钠作捕收剂、矿浆 pH = 9.7 ~ 10.3 时，单一硅酸钠、硅酸钠与硅胶组合抑制剂及单一硅胶的浓度对矿物可浮性影响规律如图 2 - 10、图 2 - 11、图 2 - 12、图 2 - 13、图 2 - 14 及图 2 - 15 所示。

从图 2 - 10 的试验结果可以看出：硅酸钠浓度小于 1 g/L 时，硅酸钠对三种矿物的抑制能力强弱顺序为：萤石 > 白钨矿 > 方解石；硅酸钠浓度在 1 ~ 2.5 g/L 之间时，白钨矿的回收率略有下降，但仍保持在 80% 左右，萤石和方解石的回收

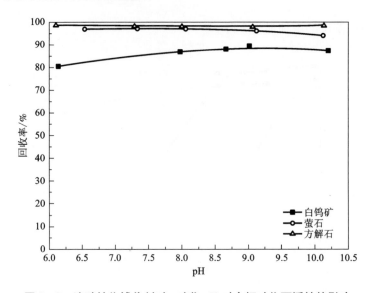

图 2 - 8 油酸钠作捕收剂时, 矿浆 pH 对含钙矿物可浮性的影响

Fig. 2 - 8 Recovery of calcium minerals as a function of pH in the presence of sodium oleate

$C_{(\text{NaOl})} = 5 \times 10^{-4}$ mol/L

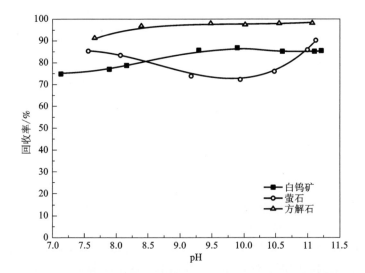

图 2 - 9 油酸钠作捕收剂、硅酸钠作抑制剂时, 矿浆 pH 对含钙矿物可浮性的影响

Fig. 2 - 9 Recovery of calcium minerals as a function of pH in the presence of sodium oleate and Na_2SiO_3

$C_{(\text{NaOl})} = 5 \times 10^{-4}$ mol/L, $C_{(\text{Na}_2\text{SiO}_3)} = 0.5$ g/L

率随着硅酸钠浓度的增加显著下降。

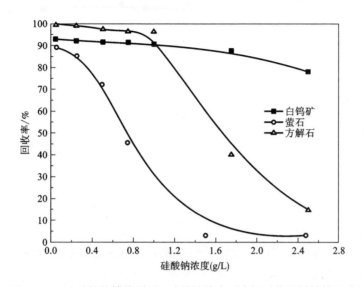

图 2 - 10　油酸钠作捕收剂时，硅酸钠浓度对含钙矿物可浮性的影响

Fig. 2 - 10　Recovery of calcium minerals as a function of Na₂SiO₃ concentration

in the presence of sodium oleate

$C_{(\text{NaOl})} = 5 \times 10^{-4}$ mol/L, pH = 9.7 ~ 10.3

从图 2 - 11 ～ 图 2 - 14 的试验结果可知：不同比例的组合抑制剂对三种含钙矿物浮选规律的影响与硅酸钠的影响规律基本一致，白钨矿的回收率基本保持在 80% 左右；萤石的回收率随着药剂浓度的增加显著下降，当硅酸钠∶硅胶 = 5∶1、浓度为 1.25 g/L 时，萤石的回收率达到最低值 4%，当硅酸钠∶硅胶 = 7∶1、4∶1、3∶1、浓度为 1.75 g/L 时，萤石的回收率达到最低值 3.5%；当硅酸钠∶硅胶 = 7∶1、5∶1、4∶1，浓度小于 0.75 g/L 时，方解石的回收率大于 90%，浓度在 0.75 ～ 2.5 g/L 时，方解石回收率显著下降，最低值分别为 20.81%、21.93% 和 27.48%，当硅酸钠∶硅胶 = 3∶1，浓度小于 1.25 g/L 时，方解石的回收率大于 90%，浓度在 1.25 ～ 2.5 g/L 时，方解石回收率才显著下降至 51.32%；随着组合抑制剂中硅胶比例的增加，对方解石的抑制能力逐渐减弱。

从图 2 - 15 的试验结果可知：单用硅胶时，硅胶对方解石的浮选基本没有抑制能力，其对三种矿物浮选的抑制能力强弱顺序为萤石 > 白钨矿 > 方解石。

从以上的浮选现象可以看出：当油酸钠作捕收剂、pH = 9.7 ～ 10.3、硅酸钠∶硅胶 ≥ 4∶1 时，硅酸钠及硅酸钠与硅胶的组合抑制剂有可能实现白钨矿与萤石和方解石的浮选分离，抑制剂的最佳浓度为 2.5 g/L。

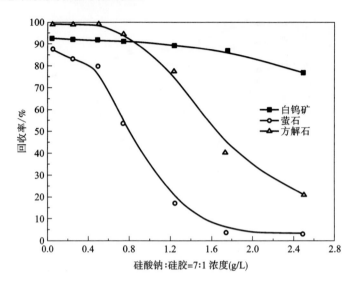

图 2 – 11   油酸钠作捕收剂时，硅酸钠∶硅胶 = 7∶1 浓度对含钙矿物可浮性的影响

Fig. 2 – 11   Recovery of calcium minerals as a function of the concentration

of Na₂SiO₃∶silica = 7∶1 in the presence of sodium oleate

$C_{(NaOl)} = 5 \times 10^{-4}$ mol/L, pH = 9.7 ~ 10.3

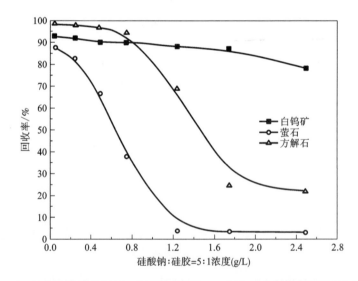

图 2 – 12   油酸钠作捕收剂时，硅酸钠∶硅胶 = 5∶1 浓度对含钙矿物可浮性的影响

Fig. 2 – 12   Recovery of calcium minerals as a function of the concentration

of Na₂SiO₃∶silica = 5∶1 in the presence of sodium oleate

$C_{(NaOl)} = 5 \times 10^{-4}$ mol/L, pH = 9.7 ~ 10.3

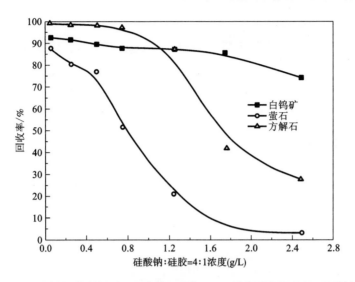

图 2 - 13　油酸钠作捕收剂时，硅酸钠：硅胶 = 4∶1 浓度对含钙矿物可浮性的影响

Fig. 2 - 13　**Recovery of calcium minerals as a function of the concentration of Na₂SiO₃∶silica = 4∶1 in the presence of sodium oleate**

$C_{(NaOl)} = 5 \times 10^{-4}$ mol/L, pH = 9.7 ~ 10.3

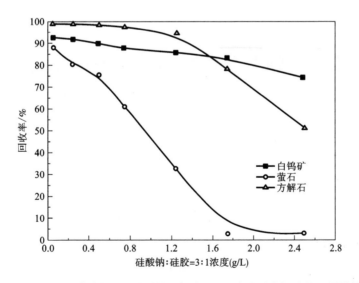

图 2 - 14　油酸钠作捕收剂时，硅酸钠：硅胶 = 3∶1 浓度对含钙矿物可浮性的影响

Fig. 2 - 14　**Recovery of calcium minerals as a function of the concentration of Na₂SiO₃∶silica = 3∶1 in the presence of sodium oleate**

$C_{(NaOl)} = 5 \times 10^{-4}$ mol/L, pH = 9.7 ~ 10.3

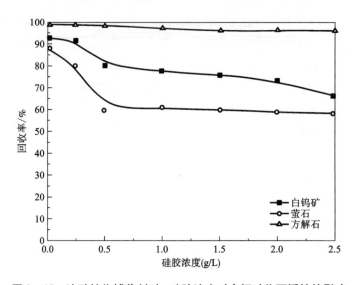

图 2 – 15　油酸钠作捕收剂时，硅胶浓度对含钙矿物可浮性的影响

Fig. 2 – 15　Recovery of calcium minerals as a function of the concentration of silica in the presence of sodium oleate

$C_{(NaOl)} = 5 \times 10^{-4}$ mol/L, pH = 9.7 ~ 10.3

2.4　731 作捕收剂时，硅酸钠对含钙矿物的选择性抑制效果

当 731 浓度为 75 mg/L 时，矿浆 pH 对三种矿物浮选回收率的影响规律如图 2 – 16 所示。不加抑制剂时，随着 pH 的增加，白钨矿和萤石的回收率基本保持在 90%，方解石的回收率为 95% 左右。

当 731 浓度为 75 mg/L、抑制剂硅酸钠的浓度为 0.5 g/L 时，矿浆 pH 对三种矿物可浮性的影响规律如图 2 – 17 所示。

比较图 2 – 16 和图 2 – 17 的试验结果可知：当捕收剂为 731 时，添加浓度为 0.5 g/L 的硅酸钠对白钨矿和方解石的浮选基本没有抑制作用，而在 pH > 9 的碱性条件下使得萤石的回收率降低。在整个试验 pH 范围内，三种矿物的回收率均大于 70%。当 pH = 10 时，萤石的回收率达到最低值，为 75%，故选择 pH ≈ 10 为硅酸钠、单一硅胶和硅酸钠与硅胶组合抑制剂浓度试验的 pH。

当 pH = 9.7 ~ 10.3、捕收剂为 731 时，单一硅酸钠、硅酸钠与硅胶组合抑制剂及单一硅胶的浓度对矿物可浮性的影响规律如图 2 – 18、图 2 – 19、图 2 – 20、图 2 – 21、图 2 – 22 及图 2 – 23 所示。

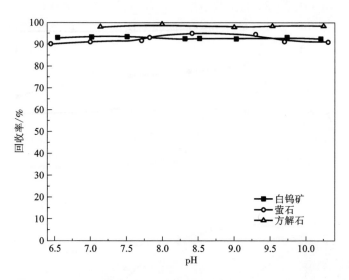

图 2 – 16　731 作捕收剂时，矿浆 pH 对含钙矿物可浮性的影响

Fig. 2 – 16　Recovery of calcium minerals as a function of pH in the presence of 731

$$C_{(731)} = 75 \text{ mg/L}$$

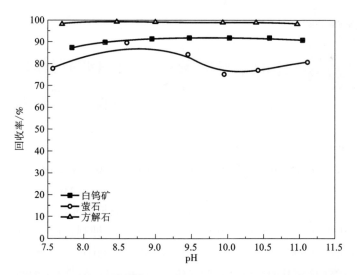

图 2 – 17　731 作捕收剂、硅酸钠作抑制剂时，矿浆 pH 对含钙矿物可浮性的影响

Fig. 2 – 17　Recovery of calcium minerals as a function of pH in the presence of 731 and Na_2SiO_3

$$C_{(731)} = 75 \text{ mg/L}, \; C_{(Na_2SiO_3)} = 0.5 \text{ g/L}$$

从图 2 – 18 ~ 图 2 – 22 的试验结果可以看出：当硅酸钠或硅酸钠与硅胶的组合抑制剂的浓度为 1. 25 g/L 时，萤石的回收率均达到最低，为 10% 左右；抑制剂浓度增加至 2. 5 g/L 时，方解石的回收率降低至 20% 以下，而此时白钨矿的回收率仍然保持在 80% 以上。硅酸钠与硅胶的比例由 7∶1 降低至 3∶1 时，抑制剂对白钨矿、萤石和方解石浮选性能影响不大。单一硅胶浓度的增加，对三种矿物浮选的抑制增强，其抑制能力的强弱顺序为：白钨矿 > 萤石 > 方解石。由此可见，731 作捕收剂、pH = 9. 7 ~ 10. 3 时，硅酸钠或硅酸钠与硅胶组合抑制剂浓度为 2. 5 g/L 时，均可能实现白钨矿与萤石、方解石的浮选分离。

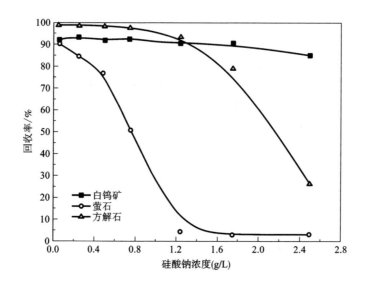

图 2 – 18　731 作捕收剂时，硅酸钠浓度与含钙矿物可浮性的关系图

Fig. 2 – 18　Recovery of calcium minerals as a function

of Na₂SiO₃ concentration in the presence of 731

$C_{(731)}$ = 75 mg/L, pH = 9. 7 ~ 10. 3

对比分析图 2 – 8 ~ 图 2 – 15 与图 2 – 16 ~ 图 2 – 23 的试验结果，当抑制剂为硅酸钠或硅酸钠与硅胶的组合药剂时，731 对三种矿物的捕收性能略优于油酸钠。

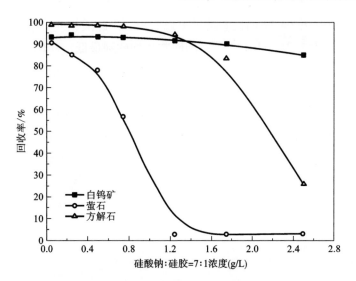

图 2 - 19　731 作捕收剂时, 硅酸钠∶硅胶 =7∶1 浓度与含钙矿物可浮性的关系图

Fig. 2 - 19　Recovery of calcium minerals as a function of the concentration of Na_2SiO_3 ∶ silica =7∶1 in the presence of 731

$C_{(731)}$ =75 mg/L, pH =9.7 ~ 10.3

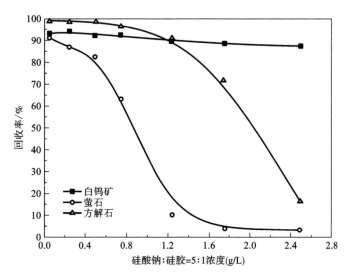

图 2 - 20　731 作捕收剂时, 硅酸钠∶硅胶 =5∶1 浓度与含钙矿物可浮性的关系

Fig. 2 - 20　Recovery of calcium minerals as a function of the concentration of Na_2SiO_3 ∶ silica =5∶1 in the presence of 731

$C_{(731)}$ =75 mg/L, pH =9.7 ~ 10.3

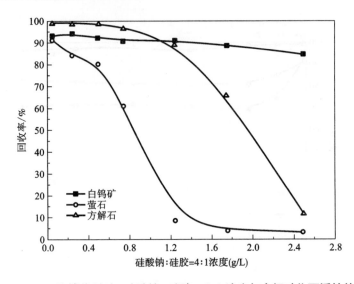

图 2 - 21 731 作捕收剂时,硅酸钠:硅胶 = 4:1 浓度与含钙矿物可浮性的关系

Fig. 2 - 21   Recovery of calcium minerals as a function of the concentration of Na_2SiO_3 : silica = 4:1 in the presence of 731

$C_{(731)} = 75$ mg/L, pH = 9.7 ~ 10.3

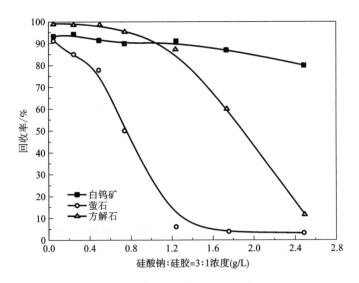

图 2 - 22 731 作捕收剂时,硅酸钠:硅胶 = 3:1 浓度与含钙矿物可浮性的关系

Fig. 2 - 22   Recovery of calcium minerals as a function of the concentration of Na_2SiO_3 : silica = 3:1 in the presence of 731

$C_{(731)} = 75$ mg/L, pH = 9.7 ~ 10.3

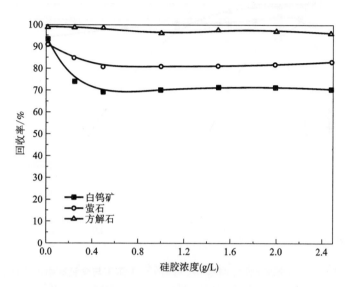

图 2 - 23　731 作捕收剂时，硅胶浓度与含钙矿物可浮性的关系

Fig. 2 - 23　Recovery of calcium minerals as a function

of the concentration of silic in the presence of 731

$C_{(731)} = 75$ mg/L, pH $= 9.7 \sim 10.3$

2.5　金属离子对硅酸钠抑制效果的影响

已有研究表明金属离子可以强化水玻璃对萤石和方解石的抑制效果，从而提高白钨矿与萤石、方解石的分离效率[154, 158]。试验考察了 731 作捕收剂，抑制剂为硅酸钠(0.5 g/L)时，不同 pH 条件下，Al^{3+}、Ca^{2+}、Pb^{2+}、K^+ 等金属离子对三种矿物可浮性的影响，金属离子浓度均为 1×10^{-4} mol/L，试验结果如图 2 - 24 ~ 图 2 - 26 所示。

图 2 - 24 的试验结果表明：在白钨矿的浮选中，有 Al^{3+} 离子存在时，随着 pH 的增加，白钨矿的回收率先增加后降低，pH = 7.58 时达到最大值，回收率为 71.57%，相对于不添加离子时的回收率降低了约 21.31%。Ca^{2+} 离子存在时，pH < 8.29 时，随着 pH 的增加，白钨矿的回收率逐渐增加，回收率为 87.07%；pH > 8.29 时，白钨矿回收率基本保持在 83% 左右，相对于不添加离子时的回收率降低了约 10%。Pb^{2+} 离子存在时，随着 pH 的增加，白钨矿的回收率逐渐降低至 63.46%。K^+ 离子存在时，随着 pH 的增加，白钨矿的回收率先降低后增加，pH = 9.5 时达到最低值 72.29%，相对于不添加离子时的回收率降低了约 20%。

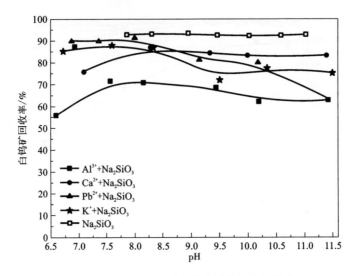

图 2 - 24　金属离子对白钨矿浮选行为的影响

Fig. 2 - 24　Recovery of scheelite as a function of

pH in the presence of metal ions, 731 and Na$_2$SiO$_3$

$C_{(731)} = 75$ mg/L, $C_{(Na_2SiO_3)} = 0.5$ g/L, $C_{(M^{n+})} = 1 \times 10^{-4}$ mol/L

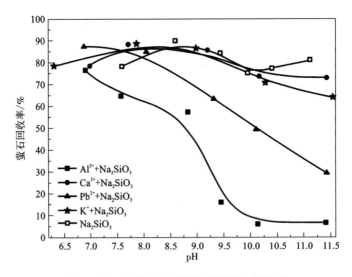

图 2 - 25　金属离子对萤石浮选行为的影响

Fig. 2 - 25　Recovery of fluorite as a function of

pH in the presence of metal ions, 731 and Na$_2$SiO$_3$

$C_{(731)} = 75$ mg/L, $C_{(Na_2SiO_3)} = 0.5$ g/L, $C_{(M^{n+})} = 1 \times 10^{-4}$ mol/L

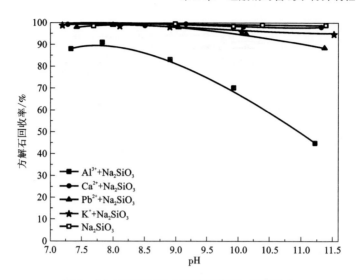

图 2 - 26　金属离子对方解石浮选行为的影响

**Fig. 2 - 26　Recovery of calcite as a function of
pH in the presence of metal ions, 731 and Na$_2$SiO$_3$**

$C_{(731)} = 75$ mg/L, $C_{(Na_2SiO_3)} = 0.5$ g/L, $C_{(M^{n+})} = 1 \times 10^{-4}$ mol/L

图 2 - 25 的试验结果表明：在萤石浮选过程中，Al^{3+} 离子存在时，随着 pH 的增加，萤石的回收率显著下降，当 pH = 10.13 时，回收率达到最低值 6%，相对于不添加离子时萤石的回收率降低了约 71%。在 pH < 8.5 时，Ca^{2+} 和 K$^+$ 离子的添加，活化了萤石的浮选，萤石的回收率略有增加；8.5 < pH < 10 时，Ca^{2+} 和 K$^+$ 离子基本不影响萤石的浮选；pH > 10 时，Ca^{2+} 和 K$^+$ 离子促进了硅酸钠对萤石的抑制作用。Pb^{2+} 离子存在时，随着 pH 的增加，萤石的回收率逐渐降低至 29.29%，相对于不添加离子时萤石的回收率降低了约 50%。

图 2 - 26 的试验结果表明：在方解石浮选过程中，Ca^{2+}、K$^+$、Pb^{2+}、Al^{3+} 四种金属离子存在时，方解石的回收率均随着 pH 的增加而降低，其最低回收率分别为 97.89%、94.86%、88.22% 和 44.84%，相对于不添加离子时方解石的回收率分别降低了约 0.75%、3.78%、10.42% 和 53.8%。

以上试验结果可以说明：在试验 pH 范围内，Al^{3+}、Pb^{2+}、K$^+$、Ca^{2+} 四种金属离子均促进了硅酸钠对白钨矿、萤石和方解石的抑制作用，其促进抑制能力的强弱顺序为：Al^{3+} > Pb^{2+} > K$^+$ > Ca^{2+}。

四种金属离子中，Ca^{2+} 离子属于白钨矿浮选过程中的难免离子，为了进一步研究难免离子对三种矿物浮选分离的影响，考察了 731 作捕收剂，pH = 9.7 ~ 10.3、硅酸钠浓度为 0.5 g/L 时，Ca^{2+} 离子浓度对三种矿物浮选行为的影响，试验结果如图 2 - 27 所示。

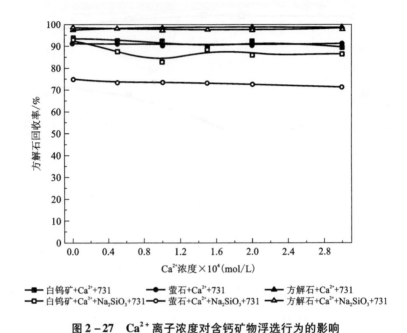

图 2 − 27 Ca²⁺离子浓度对含钙矿物浮选行为的影响

Fig. 2 − 27 Recovery of calcium minerals as a function of Ca²⁺ concentration in the presence of 731 and Na₂SiO₃

$C_{(731)} = 75$ mg/L, $C_{(Na_2SiO_3)} = 0.5$ g/L, pH $= 9.7 \sim 10.3$

从 2 − 27 的试验结果可知，无论是否添加硅酸钠，Ca²⁺离子浓度的增加都基本不会影响三种矿物的可浮性；相同 Ca²⁺离子浓度下，添加 0.5 g/L 的硅酸钠，对白钨矿和萤石的浮选有一定的抑制作用，但不影响方解石的浮选。

2.6 硅酸钠对二元混合矿的选择性抑制效果

在上述试验结果基础上，考察了捕收剂 731 浓度为 75 mg/L、pH $= 9.7 \sim 10.3$ 时，硅酸钠浓度对白钨矿∶萤石 $= 1∶1$ 混合矿及白钨矿∶方解石 $= 1∶1$ 混合矿的分离效果的影响。试验结果见图 2 − 28 和图 2 − 29。

从图 2 − 28 和图 2 − 29 的试验数据可以看出：对白钨矿∶萤石 $= 1∶1$ 的混合矿，随着硅酸钠浓度的增加，精矿中 WO₃ 的品位逐渐增加，由 33.06% 增至 63.64%，但其回收率基本保持不变，且大于 88%；对白钨矿∶方解石 $= 1∶1$ 混合矿，硅酸钠浓度大于 1 g/L 时，精矿中 WO₃ 的品位明显增加，但回收率却显著降低。这一试验结果说明，硅酸钠作抑制剂时，白钨矿与萤石间较容易实现分离，而白钨矿与方解石间的分离则相对较困难。

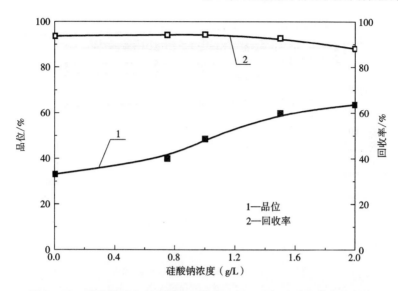

图 2 - 28　硅酸钠浓度对白钨矿：萤石 = 1∶1 混合矿分选效果的影响

Fig. 2 - 28　Results of flotation separation of scheelite∶fluorite = 1∶1 mixture mineral as a function of concentration of Na$_2$SiO$_3$ using 731 as collector

$C_{(731)} = 75 \text{mg/L}$, pH = 9.7 ~ 10.3

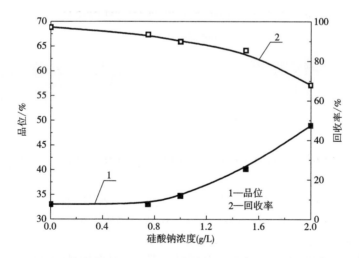

图 2 - 29　硅酸钠浓度对白钨矿：方解石 = 1∶1 混合矿分选效果的影响

Fig. 2 - 29　Results of flotation separation of scheelite∶calcite = 1∶1 manual mixture mineral as a function of concentration of Na$_2$SiO$_3$ using 731 as collector

$C_{(731)} = 75 \text{mg/L}$, pH = 9.7 ~ 10.3

2.7 硅酸钠对三元混合矿的选择性抑制效果

从硅酸钠对二元混合矿的选择性抑制指标可以看出白钨矿与萤石混合时相对于白钨矿与方解石混合时更易分离，为了进一步研究混合矿的分离，考察了硅酸钠和731用量对白钨矿∶萤石∶方解石 = 1∶1∶1 混合矿的浮选分离指标的影响，试验结果见图 2 – 30 和图 2 – 31。

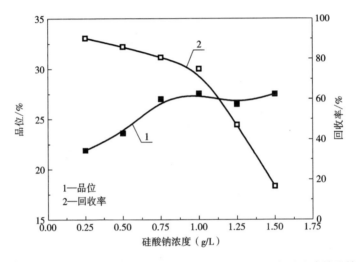

图 2 – 30　硅酸钠浓度对白钨矿∶萤石∶方解石 = 1∶1∶1 混合矿分选效果的影响

Fig. 2 – 30　**Results of flotation separation of scheelite∶fluorite∶calcite = 1∶1∶1 manual mixture mineral as a function of concentration of Na₂SiO₃ using 731 as collector**

$C_{(731)} = 75$ mg/L, pH = 9.7 ~ 10.3

从图 2 – 30 硅酸钠的用量试验数据可以看出：对白钨矿∶萤石∶方解石 = 1∶1∶1 的混合矿，当捕收剂731 浓度为 75 mg/L，pH = 9.7 ~ 10.3 时，随着硅酸钠浓度的增加，精矿中 WO_3 的品位逐渐增加至27%后趋于平稳；回收率先基本保持不变，但硅酸钠用量大于 0.75 g/L 时回收率急剧下降；因此，硅酸钠的最佳用量应为 0.75 g/L，此时精矿中 WO_3 的品位为27%，回收率为85.79%。

图 3 – 31 中捕收剂731 用量试验的试验数据表明，当硅酸钠用量为 0.75g/L，pH = 9.7 ~ 10.3 时，随着731 浓度的增加，精矿中 WO_3 的品位逐渐降低，回收率逐步增加。综合考虑，当731 用量为 90 mg/L 时，三元混合矿浮选分离的指标最优，精矿中 WO_3 的品位为 26.75%，回收率为 90.7%。

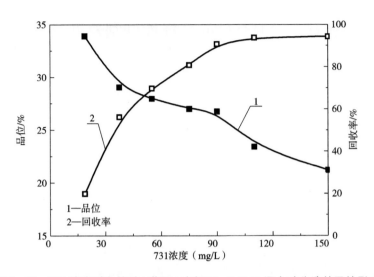

图 2 – 31　731 浓度对白钨矿∶萤石∶方解石 = 1∶1∶1 混合矿分选效果的影响

Fig. 2 – 31　Results of flotation separation of scheelite∶fluorite∶calcite = 1∶1∶1 manual

mixture mineral as a function of concentration of 731 using Na₂SiO₃ as depressant

$$C_{(Na_2SiO_3)} = 0.75 \text{ g/L}, pH = 9.7 \sim 10.3$$

2.8　本章小结

通过单矿物浮选试验，考察了油酸钠和 731 作捕收剂时，硅酸钠、硅酸钠与硅胶组合、硅胶对白钨矿、萤石和方解石三种矿物浮选的选择性抑制作用。研究了矿浆 pH 及抑制剂浓度对三种矿物浮选回收率的影响；同时还考察了 Al^{3+}、Ca^{2+}、Pb^{2+}、K^+ 等金属离子对三种矿物可浮性的影响；根据纯矿物试验结果进行了混合矿的浮选。得到了以下几点结论：

①油酸钠和 731 作捕收剂时，在 pH = 9.7 ~ 10.3 范围内，硅酸钠及硅酸钠与硅胶组合药剂在高浓度时均有可能实现白钨矿与萤石、方解石的有效分离。当抑制剂浓度为 1.4 ~ 2.5 g/L 范围内，对三种矿物的抑制能力强弱顺序为：萤石 > 方解石 > 白钨矿；单用硅胶则无法实现白钨矿与萤石、方解石的分离。

②油酸钠作捕收剂时，随着硅胶配比的增加，对方解石的抑制能力逐渐减弱，而对白钨矿和萤石的抑制能力基本不变；731 作捕收剂时，硅胶的添加则基本不改变组合抑制剂对三种矿物的抑制能力。

③整个试验 pH 范围内，四种金属离子均可增强硅酸钠对三种矿物的抑制作用，其强弱顺序为：$Al^{3+} > Pb^{2+} > K^+ > Ca^{2+}$，其中 Ca^{2+} 基本不影响硅酸钠对三种

矿物的抑制作用。

④731 为捕收剂时，添加硅酸钠能有效地实现白钨矿与萤石混合矿浮选分离，但对白钨矿与方解石混合矿的分离效果较差；三元混合矿白钨矿∶萤石∶方解石 =1∶1∶1 的浮选精矿含 WO_3 的品位为 26.75%，回收率为 90.7%。

第3章　有机抑制剂对含钙矿物抑制性能的研究

白钨矿浮选中所用的有机抑制剂主要有大分子抑制剂和小分子抑制剂两大类，其中曾有科研工作者研究过的大分子抑制剂主要有单宁、淀粉、CMC、腐植酸钠及木质素等，小分子抑制剂主要有草酸、柠檬酸、酒石酸及乳酸等。

在分别以油酸钠和731为捕收剂时，通过单矿物浮选试验考察了采用聚丙烯酸钠系列药剂、柠檬酸、栲胶、淀粉矿等作为有机抑制剂时，矿浆 pH 及抑制剂浓度对白钨矿、萤石和方解石三种矿物可浮性的影响规律。在731作捕收剂时，考察了 PA－Na－2 对白钨矿：萤石 =1:1 和白钨矿：方解石 =1:1 混合矿浮选分离的影响。聚丙烯酸钠系列药剂主要指不同分子量的聚丙烯酸钠，其中 PA－Na－1 相对分子质量为(800~1000)万，PA－Na－2 相对分子质量为(800~1000)万，PA－Na－3相对分子质量为(1500~2000)万。

3.1　油酸钠作捕收剂时，聚丙烯酸钠对含钙矿物的选择性抑制效果

当油酸钠浓度为 5×10^{-4} mol/L、抑制剂 PA－Na－1、PA－Na－2、PA－Na－3 浓度为 25 mg/L 时，矿浆 pH 对矿物可浮性的影响规律分别如图 3－1、图 3－2、图 3－3 所示。

从图 3－1、图 3－2 和图 3－3 的试验结果可以看出：添加 25 mg/L 的聚丙烯酸钠对白钨矿、萤石和方解石的浮选均产生了很强的抑制作用。其中，PA－Na－1 对白钨矿的抑制能力强于萤石和方解石，可见 PA－Na－1 不利于白钨矿与萤石、方解石的浮选分离；对于 PA－Na－2 和 PA－Na－3，随 pH 的升高，三种矿物浮选回收率逐步增大，pH >8 后，回收率逐步降低，但三种矿物回收率达到最大值时的 pH 略不相同，其中，白钨矿和方解石的 pH 约为 9，而萤石的 pH 为 8.2，因而选择 pH≈9 为 PA－Na－2 和 PA－Na－3 浓度试验的 pH。

当 pH =8.7~9.3，油酸钠作捕收剂时，抑制剂 PA－Na－2 和 PA－Na－3 的浓度对三种矿物可浮性的影响规律如图 3－4、图 3－5 所示。

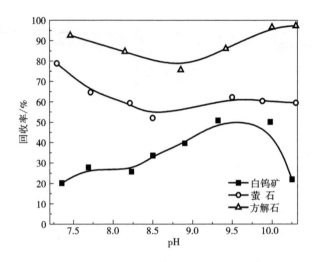

图 3 - 1 PA - Na - 1 为抑制剂时, 矿浆 pH 对含钙矿物可浮性的影响

Fig. 3 - 1 Recovery of calcium minerals as a function of pH
in the presence of PA - Na - 1 and sodium oleate

$C_{(NaOl)} = 5 \times 10^{-4}$ mol/L, $C_{(PA-Na-1)} = 25$ mg/L

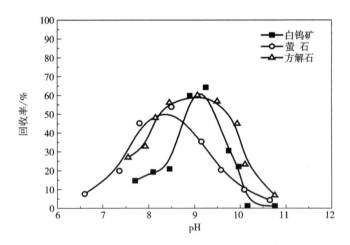

图 3 - 2 PA - Na - 2 为抑制剂时, 矿浆 pH 对含钙矿物可浮性的影响

Fig. 3 - 2 Recovery of calcium minerals as a function of pH
in the presence of PA - Na - 2 and sodium oleate

$C_{(NaOl)} = 5 \times 10^{-4}$ mol/L, $C_{(PA-Na-2)} = 25$ mg/L

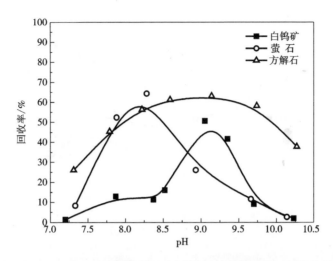

图 3 – 3　PA – Na – 3 为抑制剂时，矿浆 pH 对含钙矿物可浮性的影响

Fig. 3 – 3　Recovery of calcium minerals as a function of pH

in the presence of PA – Na – 3 and sodium oleate

$C_{(NaOl)} = 5 \times 10^{-4}$ mol/L, $C_{(PA-Na-3)} = 25$ mg/L

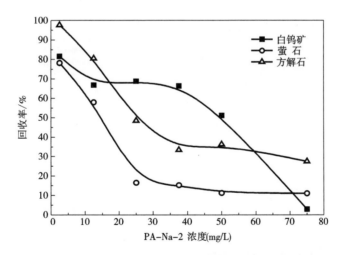

图 3 – 4　捕收剂为油酸钠时，PA – Na – 2 浓度与含钙矿物可浮性的关系

Fig. 3 – 4　Recovery of calcium minerals as a function of the concentration

of PA – Na – 2 using sodium oleate as collector

$C_{(NaOl)} = 5 \times 10^{-4}$ mol/L, pH = 8.7 ~ 9.3

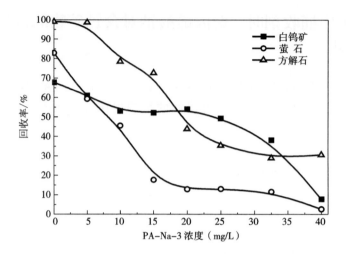

图 3 – 5 捕收剂为油酸钠时，PA – Na – 3 浓度与含钙矿物可浮性的关系

Fig. 3 – 5 Recovery of calcium minerals as a function of the concentration of PA – Na – 3 using sodium oleate as collector

$C_{(NaOl)} = 5 \times 10^{-4} \text{ mol/L}$, pH $= 8.7 \sim 9.3$

图 3 – 4 中 PA – Na – 2 浓度试验结果表明：油酸钠作捕收剂、pH $= 8.7 \sim 9.3$ 时，随着 PA – Na – 2 浓度的增加，白钨矿、萤石和方解石的回收率均有所下降。当 PA – Na – 2 浓度小于 12.5 mg/L 时，白钨矿的回收率显著下降；PA – Na – 2 浓度在 12.5 ~ 37.5 mg/L 之间时，白钨矿的回收率基本保持在 67% 左右；当 PA – Na – 2 浓度大于 37.5 mg/L 时，白钨矿的回收率显著下降至 2.97%。当 PA – Na – 2 浓度小于 25 mg/L 时，萤石的回收率显著下降至 16.5%；随着 PA – Na – 2 浓度的继续增加，萤石的回收率基本保持在 12% 左右。当 PA – Na – 2 浓度小于 37.5 mg/L 时，方解石的回收率显著下降至 33.45%；随着 PA – Na – 2 浓度的继续增加，方解石的回收率基本保持在 30% 左右。

图 3 – 5 的试验结果表明：油酸钠作捕收剂、pH $= 8.7 \sim 9.3$ 时，PA – Na – 3 的浓度在 20 ~ 32.5 mg/L 之间时，PA – Na – 3 对三种矿物的抑制能力强弱顺序为萤石 > 方解石 > 白钨矿；当 PA – Na – 3 的浓度为 25 mg/L 时，白钨矿、萤石和方解石的回收率相差最大，分别为 49.32%、13.04% 和 35.4%。

综合图 3 – 4 和图 3 – 5 的试验结果可以看出，PA – Na – 2 和 PA – Na – 3 对三种矿物的抑制能力的强弱顺序为萤石 > 方解石 > 白钨矿，且 PA – Na – 2 的抑制性能略优于 PA – Na – 3，当油酸钠作捕收剂、pH $= 8.7 \sim 9.3$、PA – Na – 2 的浓度为 37.5 mg/L 时，有可能实现白钨矿与萤石和方解石的浮选分离。

3.2　731 作捕收剂时，聚丙烯酸钠对含钙矿物的选择性抑制效果

　　731 浓度为 75 mg/L、抑制剂 PA – Na – 1、PA – Na – 2、PA – Na – 3 的浓度均为 25 mg/L 时，矿浆 pH 对矿物可浮性的影响规律分别如图 3 – 6、图 3 – 7、图 3 – 8 所示。

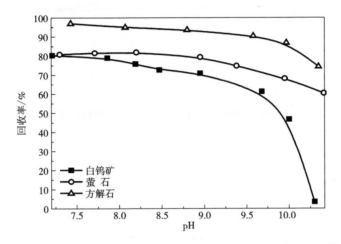

图 3 – 6　PA – Na – 1 为抑制剂时，矿浆 pH 对含钙矿物可浮性的影响

Fig. 3 – 6　Recovery of calcium minerals as a function
of pH in the presence of PA – Na – 1 and 731

$C_{(731)} = 75$ mg/L, $C_{(PA–Na–1)} = 25$ mg/L

　　从图 3 – 6、图 3 – 7 和图 3 – 8 的试验结果可以看出：PA – Na – 1 对白钨矿的抑制能力大于萤石和方解石，可见 PA – Na – 1 不利于白钨矿与萤石、方解石的浮选分离。PA – Na – 2 对萤石、方解石的抑制能力则明显大于白钨矿。随着 pH 的增加，三种矿物的回收率均先增加后降低。白钨矿在 pH = 8.7 ~ 10 范围内时，回收率均较高，为 80% 左右。PA – Na – 3 对萤石、方解石的抑制能力同样大于白钨矿，三种矿物的浮选规律也与使用 PA – Na – 2 时相同，白钨矿浮选回收率较好的 pH 范围是 8.5 ~ 10，其回收率也在 80% 左右。为此选择 pH ≈ 9 为 PA – Na – 2 和 PA – Na – 3 浓度试验的 pH。对比图 3 – 7 和图 3 – 8 还可以看出：PA – Na – 2 对萤石和方解石的抑制能力大于 PA – Na – 3。

　　当 pH = 8.7 ~ 9.3 时，PA – Na – 2、PA – Na – 3 的浓度对矿物可浮性的影响规律如图 3 – 9 和图 3 – 10 所示。

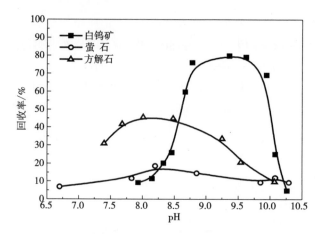

图 3 - 7　PA - Na - 2 为抑制剂时，矿浆 pH 对含钙矿物可浮性的影响

Fig. 3 - 7　Recovery of calcium minerals as a function
of pH in the presence of PA - Na - 2 and 731

$C_{(731)} = 75$ mg/L, $C_{(PA - Na - 2)} = 25$ mg/L

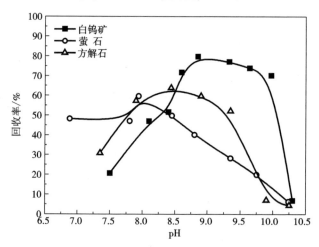

图 3 - 8　PA - Na - 3 为抑制剂时，矿浆 pH 对含钙矿物可浮性的影响

Fig. 3 - 8　Recovery of calcium minerals as a function
of pH in the presence of PA - Na - 3 and 731

$C_{(731)} = 75$ mg/L, $C_{(PA - Na - 3)} = 25$ mg/L

　　图 3 - 9 和 3 - 10 的试验结果表明，捕收剂为 731 时，PA - Na - 2 和 PA - Na - 3 对萤石和方解石的浮选均表现出较强的抑制作用。当 PA - Na - 2 浓度大于 37.5 mg/L 时，萤石和方解石的回收率均低于 20%，而其浓度大于 50 mg/L 时，白钨矿的回收率才开始下降。PA - Na - 3 浓度在 22.5 ~ 30 mg/L 之间时，萤石和

方解石的回收率与白钨矿的回收率相差最大，萤石和方解石的回收率均低于 20%，而白钨矿的回收率约为 70%。由此可见，采用 731 作捕收剂时，PA-Na-2 和 PA-Na-3 均有可能实现白钨矿与萤石、方解石的浮选分离，其中，PA-Na-2 的最佳浓度为 37.5 mg/L，PA-Na-3 的最佳浓度为 22.5 mg/L。

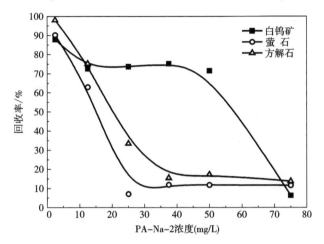

图 3-9　捕收剂为 731 时，PA-Na-2 浓度与含钙矿物可浮性的关系

Fig. 3-9　Recovery of calcium minerals as a function of the concentration of PA-Na-2 using 731 as collector

$C_{(731)} = 75$ mg/L, pH $= 8.7 \sim 9.3$

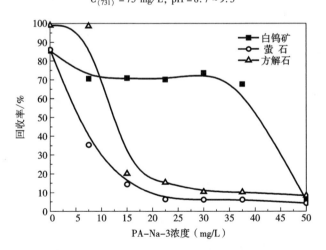

图 3-10　捕收剂为 731 时，PA-Na-3 浓度与含钙矿物可浮性的关系

Fig. 3-10　Recovery of calcium minerals as a function of the concentration of PA-Na-3 using 731 as collector

$C_{(731)} = 75$ mg/L, pH $= 8.7 \sim 9.3$

对比图 3-4、图 3-5 与图 3-9、图 3-10 的试验结果可以看出：当抑制剂为聚丙烯酸钠系列时，731 对三种含钙矿物的捕收性能仍然优于油酸钠。

3.3 其他几种有机抑制剂对矿物的抑制效果

考察了油酸钠和 731 作捕收剂时，栲胶、淀粉和柠檬酸等有机抑制剂对白钨矿、萤石和方解石可浮性的影响。

3.3.1 栲胶对矿物可浮性的影响

油酸钠浓度为 $5 \times 10^{-4} \mathrm{mol/L}$、栲胶为抑制剂时，矿浆 pH 对矿物可浮性的影响规律如图 3-11 所示。

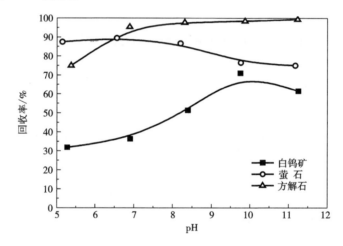

图 3-11 油酸钠作捕收剂、栲胶作抑制剂时，矿浆 pH 对含钙矿物可浮性的影响

Fig. 3-11 Recovery of calcium minerals as a function of pH in the presence of sodium oleate and tannin extract

$C_{(\mathrm{NaOl})} = 5 \times 10^{-4} \mathrm{mol/L}$, $C_{(\mathrm{tannin\ extract})} = 25 \mathrm{mg/L}$

从图 3-11 的试验结果可以看出：在试验 pH 范围内，白钨矿的回收率均小于萤石和方解石的回收率。当 5 < pH < 10 时，白钨矿的回收率逐渐增加，当 pH > 10 时，白钨矿的回收率逐渐下降；随着 pH 的增加，萤石的回收率略有下降，而方解石的回收率则有所提高。因此选择 pH≈10 为栲胶浓度试验的 pH。

当 pH = 9.7~10.3、捕收剂为油酸钠时，栲胶的浓度对矿物可浮性的影响规律如图 3-12 所示。随着栲胶浓度的增加，白钨矿、萤石和方解石的回收率均下降，白钨矿和萤石的回收率相差不大，方解石的回收率大于白钨矿和萤石，由此可见，油酸钠为捕收剂时，栲胶不能有效地实现白钨矿与萤石和方解石的浮选分离。

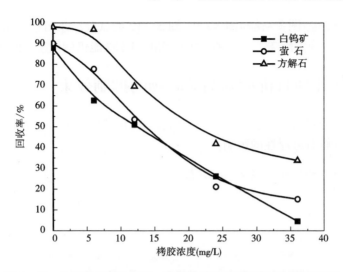

图 3 - 12 油酸钠作捕收剂时,栲胶浓度对含钙矿物可浮性的影响

Fig. 3 - 12 Recovery of calcium minerals as a function of tannin extract's concentration in the presence of sodium oleate

$$C_{(NaOl)} = 5 \times 10^{-4} \text{ mol/L}, \text{pH} = 9.7 \sim 10.3$$

731 作捕收剂,栲胶为抑制剂时,矿浆 pH 对含钙矿物可浮性的影响规律如图 3 - 13 所示。

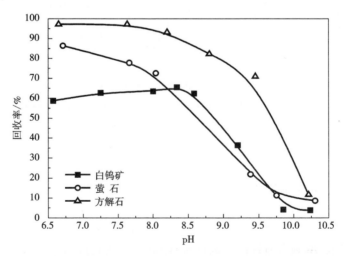

图 3 - 13 731 作捕收剂、栲胶作抑制剂时,矿浆 pH 对含钙矿物可浮性的影响

Fig. 3 - 13 Recovery of calcium minerals as a function of pH in the presence of 731 and tannin extract

$$C_{(731)} = 75 \text{ mg/L}, C_{(\text{tannin extract})} = 25 \text{ mg/L}$$

从图 3-13 的试验结果可以看出：试验 pH 范围内，栲胶对白钨矿的抑制能力最强。当 6.5 < pH < 8.5 时，白钨矿的回收率基本保持不变，为 62% 左右，当 pH > 8.5 时，其回收率逐渐降低至 5% 左右；随着 pH 的增加，萤石和方解石的回收率均逐渐降低。因而选择 pH ≈ 8.5 为栲胶浓度试验的 pH。

当 pH = 8.2 ~ 8.7，捕收剂为 731 时，栲胶浓度对矿物可浮性的影响规律如图 3-14 所示。随着栲胶浓度的增加，三种矿物的回收率均随之下降，栲胶对三种矿物的抑制能力强弱顺序为：白钨矿 ≈ 萤石 > 方解石，由此可见，在以 731 为捕收剂的条件下，栲胶对白钨矿、萤石和方解石浮选抑制的选择性很差，要实现白钨矿与萤石和方解石的分离很困难。

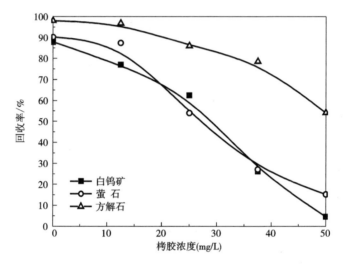

图 3-14　731 作捕收剂时，栲胶浓度对含钙矿物可浮性的影响

Fig. 3-14　Recovery of calcium minerals as a function of tannin extract's concentration in the presence of 731

$C_{(731)}$ = 75 mg/L, pH = 8.2 ~ 8.7

3.3.2　淀粉对矿物可浮性的影响

油酸钠作捕收剂、淀粉为抑制剂时，矿浆 pH 对三种矿物可浮性的影响规律如图 3-15 所示。当 pH > 6.5 时，淀粉对三种矿物的抑制能力强弱关系为：白钨矿 > 萤石 > 方解石；白钨矿和萤石的回收率均是先下降后增加，当 pH > 8.5 时白钨矿的回收率逐渐提高，当 pH > 10 时，萤石回收率才逐渐提高，而方解石的回收率随着 pH 的增加而增加。因而选择 pH ≈ 10 为油酸钠作捕收剂淀粉浓度试验的 pH。

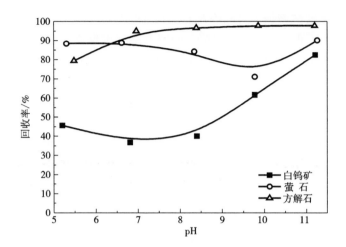

图 3 - 15　油酸钠作捕收剂、淀粉作抑制剂时，矿浆 pH 对含钙矿物可浮性的影响

Fig. 3 - 15　Recovery of calcium minerals as a function of pH in the presence of sodium oleate and starch

$C_{(NaOl)} = 5 \times 10^{-4}$ mol/L, $C_{(starch)} = 50$ mg/L

当 pH = 9.7 ~ 10.3、捕收剂为油酸钠时，淀粉的浓度对矿物可浮性的影响规律如图 3 - 16 所示。

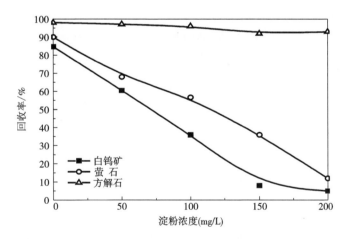

图 3 - 16　油酸钠作捕收剂时，淀粉浓度对含钙矿物可浮性的影响

Fig. 3 - 16　Recovery of calcium minerals as a function of starch's concentration in the presence of sodium oleate

$C_{(NaOl)} = 5 \times 10^{-4}$ mol/L, pH = 9.7 ~ 10.3

　　随着淀粉浓度的增加，白钨矿和萤石的回收率均下降，且白钨矿的回收率始终比萤石和方解石低，其中方解石的回收率受淀粉浓度变化的影响很小，回收率基本保持在95%以上。由此可见，油酸钠作捕收剂时，淀粉也不能有效分离白钨矿与萤石和方解石。

　　731浓度为75 mg/L、淀粉为抑制剂时，矿浆 pH 对矿物可浮性的影响规律如图3-17所示。

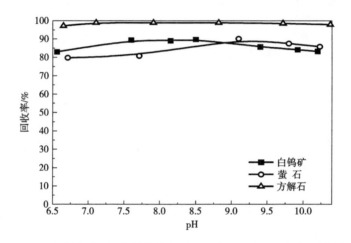

图3-17　731作捕收剂、淀粉作抑制剂时，矿浆 pH 对含钙矿物可浮性的影响

Fig. 3-17　Recovery of calcium minerals as a function

of pH in the presence of 731 and starch

$C_{(731)} = 75$ mg/L, $C_{(starch)} = 50$ mg/L

　　随着 pH 的增加，白钨矿、萤石和方解石的回收率基本保持不变，白钨矿和萤石的回收率约为85%，方解石回收率大于95%。因此选择 pH≈9，731 为捕收剂时，进行了淀粉浓度的试验。

　　当 pH=8.7~9.3、捕收剂为731时，淀粉的浓度对矿物可浮性的影响规律如图3-18所示。

　　当 pH=8.7~9.3、731为捕收剂时，淀粉对三种矿物的抑制能力强弱顺序为白钨矿>萤石>方解石；白钨矿的回收率随淀粉浓度的增加略有下降，但萤石和方解石的回收率基本保持不变，由此可见731作捕收剂时淀粉同样不能有效地实现白钨矿与萤石和方解石的分离。

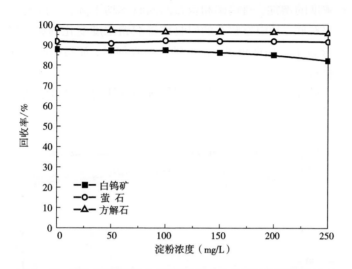

图 3 - 18 **731 作捕收剂时，淀粉浓度对含钙矿物可浮性的影响**

Fig. 3 - 18 Recovery of calcium minerals as a function of starch's concentration in the presence of 731

$C_{(731)} = 75$ mg/L, pH = 8.7 ~ 9.3

3.3.3 柠檬酸对矿物可浮性的影响

油酸钠浓度为 5×10^{-4} mol/L、抑制剂为柠檬酸时，矿浆 pH 对矿物可浮性的影响规律如图 3 - 19 所示。

由图 3 - 19 的试验结果可知：在整个浮选试验的 pH 范围内，白钨矿、萤石和方解石的回收率均随着 pH 的增加而增加，其回收率大小顺序为方解石 > 白钨矿 > 萤石。

在 pH = 8.7 ~ 9.3、油酸钠为捕收剂时，柠檬酸的浓度对矿物可浮性的影响规律如图 3 - 20 所示。在油酸钠作捕收剂，pH = 8.7 ~ 9.3 时，随着柠檬酸浓度的增加，白钨矿的回收率随之降低，而萤石和方解石的回收率基本不变。当柠檬酸的浓度小于 150 mg/L 时，三种矿物回收率大小顺序为方解石 > 白钨矿 > 萤石，柠檬酸的浓度大于 150 mg/L 时，三种矿物回收率大小顺序为方解石 > 萤石 > 白钨矿。

当 731 浓度为 75 mg/L、柠檬酸为抑制剂时，矿浆 pH 对矿物可浮性的影响规律如图 3 - 21 所示。

当 6.5 < pH < 10，捕收剂为 731 时，柠檬酸对三种矿物的抑制能力强弱为萤石 > 白钨矿 > 方解石。随着 pH 的升高，白钨矿的回收率基本呈直线上升；当 6.5 < pH < 9 时，萤石的回收率基本保持不变，小于 15%，当 pH > 9 时，萤石的回收率急剧增加；pH 对方解石回收率的影响很小，均大于 95%。因而选择 pH≈9 为柠檬酸浓度试验的 pH。

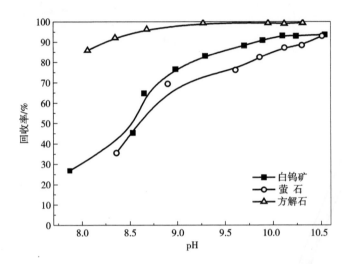

图 3 - 19　油酸钠作捕收剂、柠檬酸作抑制剂时，矿浆 pH 对含钙矿物可浮性的影响

Fig. 3 - 19　Recovery of calcium minerals as a function of pH in the presence of sodium oleate and citric acid

$C_{(NaOl)} = 5 \times 10^{-4}$ mol/L，$C_{(citric\ acid)} = 150$ mg/L

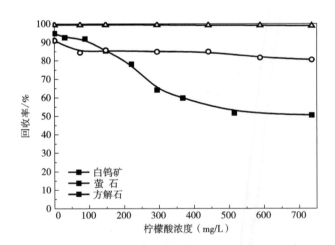

图 3 - 20　油酸钠作捕收剂时，柠檬酸浓度对含钙矿物可浮性的影响

Fig. 3 - 20 Recovery of calcium minerals as a function of citric acid's concentration in the presence of sodium oleate

$C_{(NaOl)} = 5 \times 10^{-4}$ mol/L，pH = 8.7 ~ 9.3

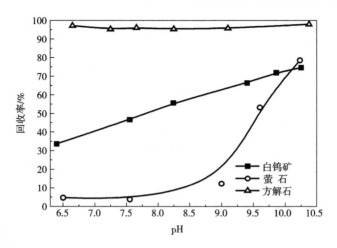

图 3 – 21　731 作捕收剂、柠檬酸作抑制剂时，矿浆 pH 对含钙矿物可浮性的影响

Fig. 3 – 21　Recovery of calcium minerals as a function of pH
in the presence of 731 and citric acid

$C_{(731)} = 75$ mg/L, $C_{(citric\ acid)} = 150$ mg/L

　　pH = 8.7 ~ 9.3 时，柠檬酸的浓度对矿物可浮性的影响规律如图 3 – 22 所示。随着柠檬酸浓度的增加，白钨矿和萤石的回收率逐渐下降，而方解石的回收率基本保持不变。回收率的大小顺序为：方解石 > 白钨矿 > 萤石。

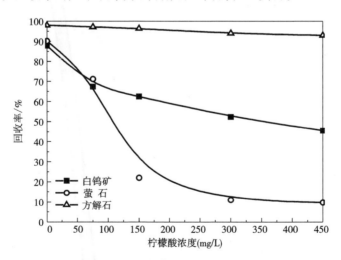

图 3 – 22　捕收剂为 731 时，柠檬酸浓度对含钙矿物可浮性的影响

Fig. 3 – 22　Recovery of calcium minerals as a function of citric
acid concentration in the presence of 731

$C_{(731)} = 75$ mg/L, pH = 8.7 ~ 9.3

　　以上试验结果表明,无论是采用油酸钠,还是731作捕收剂,栲胶、淀粉和柠檬酸三种有机抑制剂均难于实现白钨矿与萤石、方解石的浮选分离。

3.4　聚丙烯酸钠与硅酸钠混合使用对矿物可浮性的影响

　　随着对选矿的深入研究,研究人员发现将同类性质的药剂按一定比例进行组合使用,药剂间发生协同作用,可达到比单用药剂时更好的效果,进而考察硅酸钠与 PA–Na–2 混合使用对白钨矿、萤石和方解石可浮性的影响。Pa–Na–2 与硅酸钠按不同比例混合使用时分别对白钨矿、萤石和方解石三种矿物可浮性的影响见图 3–23。

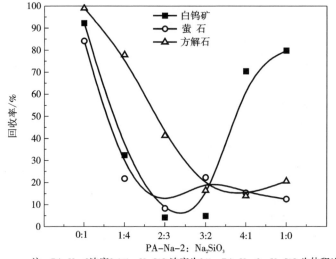

注:PA–Na–2浓度0.1%,Na$_2$SiO$_3$浓度为2%,PA–Na–2:Na$_2$SiO$_3$为体积比

图 3–23　PA–Na–2 与硅酸钠混合使用对矿物可浮性的影响
Fig. 3–23　Recovery of minerals as a function of ratio of PA–Na–2 and Na$_2$SiO$_3$
$C_{(731)} = 75$ mg/L, pH = 8.7 ~ 9.3

　　PA–Na–2 与 Na$_2$SiO$_3$ 混合使用时,随着 PA–Na–2 比例的增加,白钨矿的回收率先降低后增加,当 PA–Na–2:Na$_2$SiO$_3$ = 2:3 和 3:2 时达到最低值,约为 4.5%;当 PA–Na–2:Na$_2$SiO$_3$ > 3:2 时,白钨矿的回收率逐渐增加至79.8%。随着 PA–Na–2 比例的增加,萤石和方解石的回收率先下降,然后保持在 15% 左右。由此可以看出,PA–Na–2 的量大于 60% 时,白钨矿的回收率大于萤石和方解石,此时,白钨矿与萤石和方解石具有良好的分离基础。

3.5　搅拌时间对聚丙烯酸钠选择性抑制效果的影响

为了考察聚丙烯酸钠在矿物表面的吸附强弱,把聚丙烯酸钠与矿物作用后的矿浆倒入烧杯中并置于磁力搅拌器上进行搅拌(搅拌速度为 1200 r/min),将搅拌后的矿浆进行过滤,并用去离子水冲洗 3~5 次,最后将沉淀倒入浮选槽加新的去离子水继续进行浮选。图 3 - 24 所示为当 731 为捕收剂、PA - Na - 2 为抑制剂、pH 约为 9 时,搅拌时间与矿物回收率的关系。

随着搅拌时间的增加,白钨矿、萤石和方解石的回收率基本保持不变,分别维持在 70%、5% 和 15% 左右,说明搅拌时间并不会影响 PA - Na - 2 与矿物表面的作用效果。

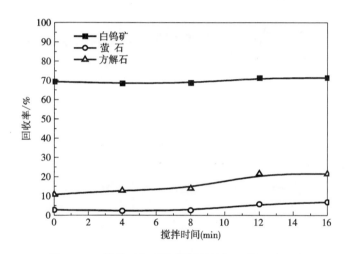

图 3 - 24　搅拌时间对聚丙烯酸钠抑制效果的影响

Fig. 3 - 24　Recovery of calcite as a function of scrubbing time

$C_{(731)} = 75$ mg/L, $C_{(PA-Na-2)} = 25$ mg/L, pH = 8.7~9.3

3.6　金属离子对聚丙烯酸钠选择性抑制效果的影响

在 731 作捕收剂、抑制剂为 PA - Na - 2(25 mg/L)时,不同 pH 条件下,考察了 Al^{3+}、Ca^{2+}、Pb^{2+}、K^+ 等金属离子对三种矿物可浮性的影响,金属离子浓度均为 1×10^{-4} mol/L,试验结果如图 3 - 25 ~ 图 3 - 27 所示。

由图 3 - 25 的试验结果可知:Al^{3+} 离子的存在,使得试验 pH 范围内,白钨矿基本完全被抑制,回收率约为 6%。当有 Ca^{2+} 和 K^+ 离子存在时,白钨矿的浮选规

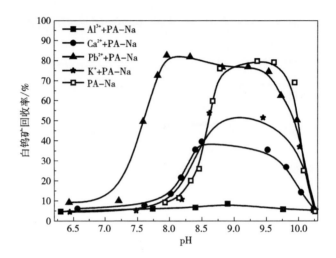

图 3 – 25　金属离子对白钨矿浮选行为的影响

Fig. 3 – 25　Recovery of scheelite as a function of pH in the presence of metal ions,
PA – Na – 2 and 731

$C_{(731)} = 75$ mg/L, $C_{(PA - Na - 2)} = 25$ mg/L, $C_{(M^{n+})} = 1 \times 10^{-4}$ mol/L

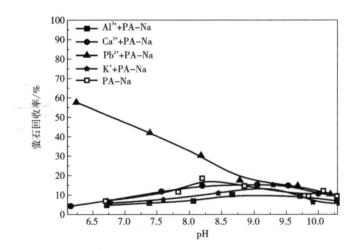

图 3 – 26　金属离子对萤石浮选行为的影响

Fig. 3 – 26　Recovery of fluorite as a function of metal ions pH in the presence of metal ions,
PA – Na – 2 and 731

$C_{(731)} = 75$ mg/L, $C_{(PA - Na - 2)} = 25$ mg/L, $C_{(M^{n+})} = 1 \times 10^{-4}$ mol/L

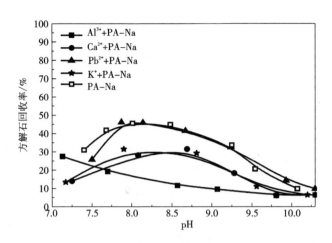

图 3 - 27　金属离子对方解石浮选行为的影响

Fig. 3 - 27　Recovery of calcite as a function of metal ions pH in the presence
of metal ions, PA - Na - 2 and 731

$C_{(731)} = 75$ mg/L, $C_{(PA-Na-2)} = 25$ mg/L, $C_{(M^{n+})} = 1 \times 10^{-4}$ mol/L

律与不加金属离子时基本一致，回收率保持稳定的 pH 区间为 8.5 ~ 9.5，回收率分别为 37% 和 51%，相对于不添加离子时白钨矿的回收率分别降低了约 42% 和 28%。Pb^{2+} 离子的添加促进了白钨矿的浮选，扩大了白钨矿的可浮 pH 范围，pH 范围由未加 Pb^{2+} 时的 8.7 ~ 10 扩大到了 7.75 ~ 9.8，此时白钨矿的回收率基本保持在 78% 左右。

由图 3 - 26 的试验结果可知：Al^{3+} 和 K^{+} 离子存在时，随着 pH 的增加，萤石的回收率略有增加，但仍低于不添加金属离子时萤石的回收率。Ca^{2+} 离子基本不影响萤石的回收率。在中性条件下，Pb^{2+} 离子的添加有助于萤石的回收。

由图 3 - 27 的试验结果可知：在方解石的浮选中，Al^{3+} 离子存在时，随着 pH 的增加，方解石的回收率由 27.49% 降低至 6.16%，均低于不添加离子时方解石的回收率。当有 Ca^{2+}、K^{+} 离子存在时，随着 pH 的增加，方解石的回收率均先增加后降低，pH 约为 8.4 时达到最大值，回收率约为 31%，相对于不添加离子时的回收率降低了约 14%。Pb^{2+} 离子基本不影响方解石的回收率。

以上试验结果可以说明：Pb^{2+} 离子对白钨矿的浮选具有一定的活化作用，Al^{3+}、Ca^{2+}、K^{+} 离子均加强了 PA - Na - 2 对三种矿物的抑制作用，其强弱顺序为：$Al^{3+} > K^{+} \approx Ca^{2+}$。

Ca^{2+} 离子属于白钨矿浮选过程中的难免离子，因此考察了 731 作捕收剂，pH = 8.7 ~ 9.3、PA - Na - 2 浓度为 25 mg/L 时，Ca^{2+} 离子浓度对三种矿物浮选行为的影响，试验结果如图 3 - 28 所示。

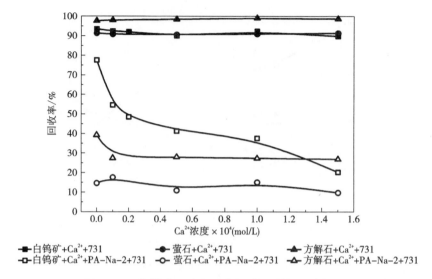

图3-28 Ca²⁺离子浓度对含钙矿物浮选行为的影响

Fig. 3-28 Recovery of calcium minerals as a function of Ca²⁺ concentration in the presence of PA-Na-2 and 731

$C_{(731)} = 75$ mg/L, $C_{(PA-Na-2)} = 25$ mg/L, pH = 8.7~9.3

浮选过程中不添加抑制剂时，随着Ca²⁺离子浓度的增加，白钨矿、萤石和方解石的回收率基本没有变化。但在浮选体系中添加抑制剂PA-Na-2后，随着Ca²⁺离子浓度增加，白钨矿、萤石和方解石的回收率均逐步降低，其中白钨矿的回收率降低的速度最快。

3.7 聚丙烯酸钠(PA-Na-2)对混合矿的选择性抑制效果

根据PA-Na-2对白钨矿、萤石和方解石浮选行为的研究结果，考察了731作捕收剂，PA-Na-2浓度对白钨矿:萤石=1:1、白钨矿:方解石=1:1的二元混合矿及白钨矿:萤石:方解石=1:1:1的三元混合矿的浮选分离效果的影响，以及PA-Na-2为抑制剂时，硝酸铅对混合矿浮选分离的影响。

3.7.1 白钨矿:萤石=1:1混合矿分选试验

当捕收剂731浓度为75 mg/L、pH=8.7~9.3时，考察了PA-Na-2浓度对白钨矿:萤石=1:1的混合矿分选效果的影响规律，以及白钨矿和萤石在对应的澄清液中的浮选行为。PA-Na-2对混合矿浮选分离影响的试验结果见图3-29。

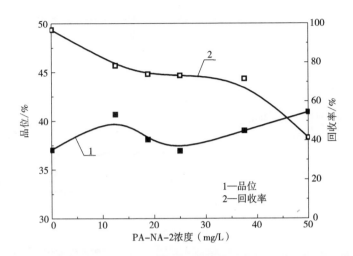

图 3 - 29　PA - Na - 2 浓度对白钨矿∶萤石 = 1∶1 混合矿分选效果的影响

Fig. 3 - 29　Results of flotation separation of scheelite∶fluorite = 1∶1 manual mixture mineral as a function of the concentration of PA - Na - 2 using 731 as collector

$C_{(731)} = 75$ mg/L, pH = 8.7 ~ 9.3

图 3 - 29 的试验结果表明，捕收剂为 731，抑制剂为 PA - Na - 2 时，随着 PA - Na - 2 浓度的增加，白钨矿精矿中含 WO$_3$ 由 36.94% 增加至 41.17%，但回收率却由 96.78% 降低至 41.42%，分离效果不理想。

对比分析图 3 - 9 和图 3 - 29 的试验结果可知：尽管 PA - Na - 2 对萤石和方解石单矿物浮选有很好的抑制效果，但对白钨矿和萤石的混合矿浮选分离基本没有体现出抑制的选择性。为了进一步查明原因，考察了白钨矿在萤石搅拌后的澄清液中的浮选行为，以及萤石在白钨矿搅拌后的澄清液中的浮选行为，试验结果如图 3 - 30 所示。

由图 3 - 30 的试验结果可知：当捕收剂为 731、抑制剂为 PA - Na - 2 时，白钨矿在萤石澄清液中浮选时，其浮选性能明显差于白钨矿在去离子水中的浮选性能，与萤石的浮选行为接近，表明混合矿浮选中存在矿物表面的转化现象[31]。萤石在白钨矿澄清液中浮选时其浮选性能差于萤石在去离子水中的浮选性能。这就说明澄清液中白钨矿或萤石溶解出的 Ca^{2+} 离子对 PA - Na - 2 的抑制作用产生了促进作用，并降低了其抑制的选择性，这一结果与图 3 - 29 的试验结果相符。

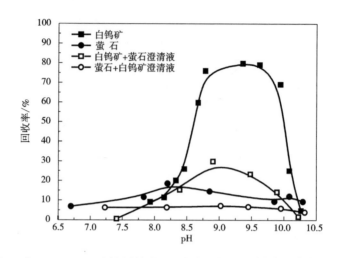

图 3 - 30　当 PA - Na - 2 为抑制剂时，白钨矿、萤石在相应澄清液中的浮选行为

Fig. 3 - 30　Recovery of scheelite and fluorite in the clear liquid as a function

of pH in the presence of PA - Na - 2 and 731

$C_{(731)}$ = 75 mg/L, $C_{(PA-Na-2)}$ = 25 mg/L

3.7.2　白钨矿∶方解石 =1∶1 混合矿分选试验

捕收剂 731 浓度为 75 mg/L，pH = 8.7 ~ 9.3 时，考察了 PA - Na - 2 浓度对白钨矿∶方解石 =1∶1 的混合矿分选效果的影响规律，以及白钨矿和方解石在对应澄清液中的浮选行为。PA - Na - 2 对混合矿浮选分离影响的试验结果见图 3 - 31。

由图 3 - 31 的试验结果可知：随着 PA - Na - 2 浓度的增加，白钨矿精矿中含 WO_3 由 33.03% 增加至 46.7%，而回收率确由 97.08% 降低至 15.26%，其分选效果比白钨矿和萤石混合矿还差。

对比分析图 3 - 9 和图 3 - 31 的试验结果，尽管 PA - Na - 2 对白钨矿、萤石和方解石单矿物的抑制有较好的选择性，但在白钨矿与方解石的混合矿浮选分离中没有体现出选择性抑制作用。同样考察了白钨矿在方解石搅拌后澄清液中的浮选行为，以及方解石在白钨矿搅拌后澄清液中的浮选行为，试验结果如图 3 - 32 所示。

图 3 - 32 的试验结果表明，捕收剂为 731、抑制剂为 PA - Na - 2 时，白钨矿在方解石澄清液中浮选时，其可浮性明显差于去离子水中的可浮性。方解石在白钨矿的澄清液中浮选时，其可浮性也比在去离子水中的可浮性差。再次说明白钨矿或方解石溶解产生的 Ca^{2+} 离子强化了 PA - Na - 2 的抑制作用，但降低了其抑制的选择性，这与图 3 - 28 的试验结果一致。

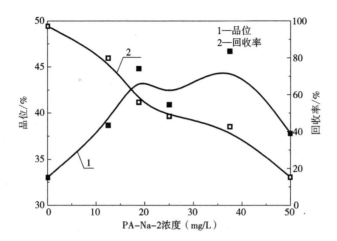

图 3 – 31　PA – Na – 2 浓度对白钨矿∶方解石 = 1∶1 混合矿分选效果的影响

Fig. 3 – 31　Results of flotation separation of scheelite∶calcite = 1∶1 manual mixture mineral as a function of the concentration of PA – Na – 2 using 731 as collector

$C_{(731)} = 75$ mg/L, pH = 8.7 ~ 9.3

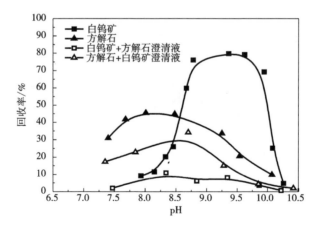

图 3 – 32　当 PA – Na – 2 为抑制剂时，白钨矿、方解石在相应澄清液中的浮选行为

Fig. 3 – 32　Flotation recovery of scheelite and calcite in the clear liquid as a function of pH in the presence of PA – Na – 2 and 731

$C_{(731)} = 75$ mg/L, $C_{(PA – Na – 2)} = 25$ mg/L

3.7.3　硝酸铅对白钨矿∶萤石 = 1∶1 混合矿浮选的影响

由图 3 – 25 中的结果可知，Pb^{2+} 离子对白钨矿的浮选具有一定的活化作用。

因此选用 Pb^{2+} 离子作为活化剂, 考察了 Pb^{2+} 离子对白钨矿∶萤石 = 1∶1 混合矿浮选分离的影响。

捕收剂 731 浓度为 75 mg/L、抑制剂 PA - Na - 2 浓度为 12.5 mg/L 时, 硝酸铅浓度对白钨矿∶萤石 = 1∶1 混合矿浮选分离的影响结果如图 3 - 33 所示。

试验结果表明, 硝酸铅浓度在 $0 \sim 5 \times 10^{-5}$ mol/L 之间时, 白钨矿精矿的品位随着硝酸铅浓度的增加而增加, 回收率则基本不变。硝酸铅浓度大于 5×10^{-5} mol/L 后, 白钨矿精矿的品位和回收率均随着硝酸铅浓度的增加而降低。由此可见, 低浓度的硝酸铅对白钨矿∶萤石 = 1∶1 混合矿的浮选分离有一定的促进作用。

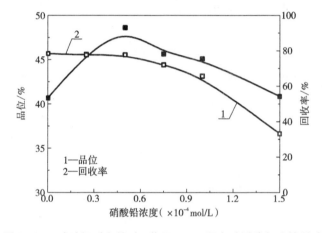

图 3 - 33　硝酸铅对白钨矿∶萤石 = 1∶1 混合矿浮选行为的影响

Fig. 3 - 33　Results of flotation separation of scheelite∶fluorite = 1∶1 manual mixture mineral as a function of Pb^{2+} concentration in the presence of PA - Na - 2 and 731

$C_{(731)} = 75$ mg/L, $C_{(PA - Na - 2)} = 12.5$ mg/L, pH = 8.7 ~ 9.3

在捕收剂 731 浓度为 75 mg/L、活化剂硝酸铅的浓度为 5×10^{-5} mol/L、pH 约为 9 的条件下, 考察了 PA - Na - 2 浓度对白钨矿∶萤石 = 1∶1 混合矿浮选分离的影响规律, 试验结果如图 3 - 34 所示。

图 3 - 34 的试验结果表明, 白钨矿精矿品位随着 PA - Na - 2 浓度的增大而增加, 但回收率则随着 PA - Na - 2 浓度的增大而降低。当 PA - Na - 2 浓度为 25 mg/L 时, 精矿 WO_3 达到 49.83%, 精矿 WO_3 回收率降低为 72% 左右。与图 3 - 29 的结果对比, 硝酸铅增强了 PA - Na - 2 对萤石的选择性抑制能力。

为了进一步研究硝酸铅对白钨矿和萤石作用的情况, 考察了硝酸铅存在与否, 白钨矿在萤石澄清液中的浮选行为。当捕收剂 731 浓度为 75 mg/L、硝酸铅浓度为 5×10^{-5} mol/L、Pa - Na - 2 浓度为 25 mg/L 时, pH 对白钨矿在萤石澄清液中浮选行为的影响, 试验结果如图 3 - 35 所示。

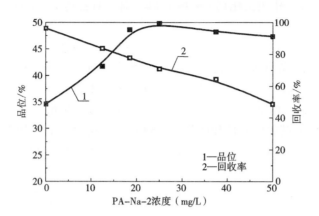

图 3 - 34   PA - Na - 2 对白钨矿：萤石 = 1：1 混合矿浮选行为的影响

Fig. 3 - 34   Results of flotation separation of scheelite：fluorite = 1：1 manual mixture mineral as a function of PA - Na - 2 concentration in the presence of Pb(NO₃)₂ and 731

$$C_{(731)} = 75 \text{ mg/L}, \ C_{(Pb(NO3)2)} = 5 \times 10^{-5} \text{mol/L}, \ \text{pH} = 8.7 \sim 9.3$$

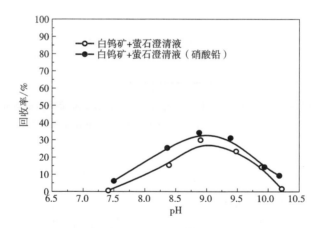

图 3 - 35   硝酸铅对白钨矿在萤石澄清液中的浮选行为的影响

Fig. 3 - 35   Recovery of scheelite in the fluorite clear liquid as a function of pH

$$C_{(731)} = 75 \text{ mg/L}, \ C_{(Pb(NO_3)_2)} = 5 \times 10^{-5} \text{mol/L}, \ C_{(PA-Na-2)} = 25 \text{ mg/L}$$

图 3 - 35 的试验结果表明：在相同条件下，硝酸铅能提高白钨矿在萤石澄清液中的浮选回收率，这一试验结果与图 3 - 34 的试验结果规律相符。

3.7.4   硝酸铅对白钨矿：方解石 = 1：1 混合矿浮选的影响

根据图 3 - 25 中，当捕收剂为 731、抑制剂为 PA - Na - 2 时，金属离子对白钨矿和方解石可浮性的影响可知，Pb^{2+}离子对白钨矿的浮选具有一定的活化作用。为了进一步研究Pb^{2+}离子的活化作用，选用Pb^{2+}离子作为活化剂，考察了Pb^{2+}离子对白钨矿∶方解石 = 1∶1 混合矿浮选分离的影响。

当捕收剂 731 浓度为 75 mg/L、抑制剂 PA－Na－2 为 18.75 mg/L 时，硝酸铅浓度对白钨矿∶方解石 = 1∶1 两种混合矿浮选的影响规律，试验结果如图 3－36 所示。

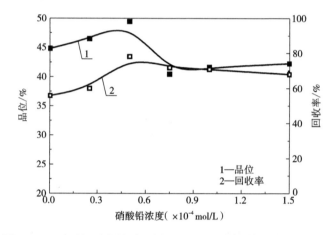

图 3－36　硝酸铅对白钨矿∶方解石 = 1∶1 混合矿浮选行为的影响

Fig. 3－36　Results of flotation separation of scheelite∶calcite = 1∶1 manual mixture mineral as a function of Pb^{2+} concentration in the presence of PA－Na－2 and 731

$C_{(731)} = 75$ mg/L，$C_{(PA－Na－2)} = 18.75$ mg/L，pH = 8.7～9.3

对原矿为白钨矿∶方解石 = 1∶1 的混合矿，以 731 作为捕收剂、PA－Na－2 为抑制剂，矿浆 pH 约为 9，硝酸铅浓度在 $0～5×10^{-5}$ mol/L 之间时，随着硝酸铅的浓度的增加精矿中 WO_3 的品位和回收率均随之而增加；当硝酸铅浓度大于 $5×10^{-5}$ mol/L之间，白钨矿精矿的品位和回收率均随着硝酸铅浓度的增加而降低。由此可看出，低浓度的硝酸铅对白钨矿与方解石混合矿的浮选分离有一定的强化作用。为此，确定硝酸铅浓度为 $5×10^{-5}$ mol/L，考察了 PA－Na－2 浓度对白钨矿∶方解石 = 1∶1 混合矿浮选分离的影响规律，试验结果图 3－37 所示。

图 3－37 的试验结果表明：当活化剂为硝酸铅、捕收剂为 731 时，随着 PA－Na－2 浓度的增加，白钨矿精矿品位随之而增加，当 PA－Na－2 浓度为 37.5 mg/L 时精矿含 WO_3 达到 49.85%，而回收率随着 PA－Na－2 浓度的增加而降低。对比图 3－31 当不添加硝酸铅时 PA－Na－2 浓度对白钨矿∶方解石 = 1∶1 混合矿的浮选分离的影响可以看出，硝酸铅能增强 PA－Na－2 对方解石的选择性抑制能力。

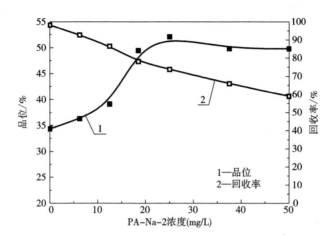

图 3 – 37　PA – Na – 2 对白钨矿∶方解石 = 1∶1 混合矿浮选行为的影响

Fig. 3 – 37　Results of flotation separation of scheelite∶calcite = 1∶1
manual mixture mineral as a function of PA – Na – 2 concentration。

$C_{(731)} = 75$ mg/L, $C_{(Pb(NO_3)_2)} = 5 \times 10^{-5}$ mol/L, pH $= 8.7 \sim 9.3$

为了进一步研究硝酸铅对白钨矿和方解石作用的情况，考察了硝酸铅存在与否，白钨矿在方解石澄清液中的浮选行为。当捕收剂 731 浓度为 75 mg/L、硝酸铅浓度为 5×10^{-5} mol/L、Pa – Na – 2 浓度为 25 mg/L 时，pH 对白钨矿在方解石澄清液中浮选行为的影响，试验结果如图 3 – 38 所示。

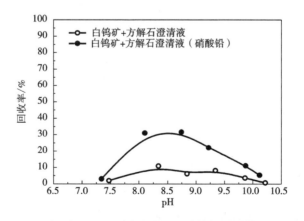

图 3 – 38　硝酸铅对白钨矿在方解石澄清液中的浮选行为的影响

Fig. 3 – 38　Recovery of scheelite in the calcite clear liquid as a function of pH

$C_{(731)} = 75$ mg/L, $C_{(Pb(NO_3)_2)} = 5 \times 10^{-5}$ mol/L, $C_{(PA – Na – 2)} = 25$ mg/L

图 3 – 38 的试验结果表明：在相同条件下，硝酸铅能提高白钨矿在方解石澄清液中的浮选回收率，这一试验结果与图 3 – 37 试验结果的规律相符。

3.7.5 白钨矿：萤石：方解石 = 1：1：1 混合矿分选试验

从聚丙烯酸钠对二元混合矿的选择性抑制指标可以看出，硝酸铅的存在有利于提高聚丙烯酸钠对萤石和方解石的选择性抑制。为了进一步研究混合矿的分离，考察了 PA – Na – 2、硝酸铅和 731 用量对白钨矿：萤石：方解石 = 1：1：1 混合矿的浮选分离指标的影响，试验结果见图 3 – 39、图 3 – 40 和图 3 – 41。

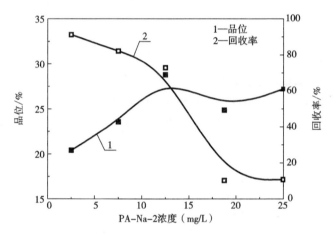

图 3 – 39　PA – Na – 2 浓度对白钨矿：萤石：方解石 = 1：1：1 混合矿分选效果的影响

Fig. 3 – 39　Results of flotation separation of scheelite：fluorite：calcite = 1：1：1 manual mixture mineral as a function of concentration of PA – Na – 2 using 731 as collector

$C_{(731)} = 75$ mg/L, $C_{(Pb(NO_3)_2)} = 1 \times 10^{-5}$ mol/L, pH = 8.7 ~ 9.3

从图 3 – 39 中 PA – Na – 2 的用量试验数据可以看出：当捕收剂 731 浓度为 75 mg/L，硝酸铅浓度为 1×10^{-5} mol/L，pH = 9.7 ~ 10.3 时，对白钨矿：萤石：方解石 = 1：1：1 的混合矿，随着 PA – Na – 2 浓度的增加，精矿中 WO_3 的品位逐渐增加，而回收率逐渐降低，当 PA – Na – 2 浓度为 12.5 mg/L 时的浮选指标最好，此时精矿中 WO_3 的品位为 28.79%，回收率为 72.82%。

图 3 – 40 中硝酸铅的用量试验结果表明：当捕收剂 731 浓度为 75 mg/L，PA – Na – 2 浓度为 12.5 mg/L，pH = 9.7 ~ 10.3 时，当硝酸铅用量小于 1×10^{-5} mol/L 时，精矿中 WO_3 的品位和回收率均逐渐增加；其用量大于 1×10^{-5} mol/L 时，精矿中 WO_3 的品位基本保持在 29.5% 左右，而回收率却明显降低。当硝酸铅浓度为 1×10^{-5} mol/L 时的浮选指标最好，精矿中 WO_3 的品位为 28.79%，回收率为 72.82%。

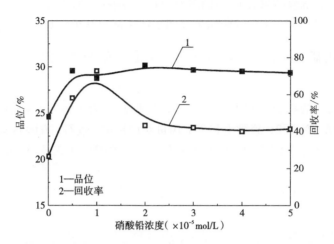

图 3 - 40　硝酸铅浓度对白钨矿∶萤石∶方解石 = 1∶1∶1 混合矿分选效果的影响

Fig. 3 - 40　Results of flotation separation of scheelite∶fluorite∶calcite = 1∶1∶1 manual

mixture mineral as a function of Pb^{2+} concentration in the presence of PA - Na - 2 and 731

$C_{(731)} = 75$ mg/L, $C_{(PA-Na-2)} = 12.5$ mg/L, pH = 8.7 ~ 9.3

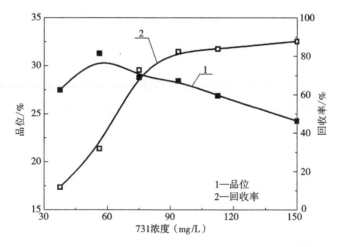

图 3 - 41　731 浓度对白钨矿∶萤石∶方解石 = 1∶1∶1 混合矿分选效果的影响

Fig. 3 - 41　Results of flotation separation of scheelite∶fluorite∶calcite = 1∶1∶1 manual

mixture mineral as a function of concentration of 731 using PA - Na - 2 as depressant

$C_{(Pb(NO_3)_2)} = 1 \times 10^{-5}$ mol/L, $C_{(PA-Na-2)} = 12.5$ mg/L, pH = 8.7 ~ 9.3

图 3 - 41 中捕收剂 731 的用量试验结果表明：当硝酸铅浓度为 1×10^{-5} mol/L，
PA - Na - 2 浓度为 12.5 mg/L，pH = 9.7 ~ 10.3 时，随着 731 浓度的增加精矿中

WO_3 的品位先增加后降低,回收率逐渐增加;731 的最佳浓度为 93.75 mg/L,精矿中 WO_3 的品位为 28.45% ,回收率为 82.35% 。

3.8 本章小结

本章通过单矿物浮选试验,考察了油酸钠和 731 作捕收剂时,聚丙烯酸钠系列药剂、栲胶、淀粉和柠檬酸等抑制剂对白钨矿、萤石和方解石三种矿物的选择性抑制作用。研究了矿浆 pH 及抑制剂浓度对三种矿物浮选回收率的影响;同时还考察了 Al^{3+} 、Ca^{2+} 、Pb^{2+} 、K^+ 等金属离子对三种矿物可浮性的影响。根据纯矿物试验结果,选用 PA - Na - 2 作为抑制剂进行了混合矿的浮选。得出以下结论:

①油酸钠和 731 作捕收剂时,几种有机抑制剂对白钨矿、萤石和方解石的选择性抑制能力强弱顺序为 PA - Na - 2 ≈ Pa - Na - 3 > 柠檬酸 > 栲胶 > 淀粉。

②油酸钠作捕收剂、pH = 8.7 ~ 9.3 时,不同相对分子质量的聚丙烯酸钠对三种矿物的抑制能力不同,选择性抑制效果相对较好的是相对分子质量为(800 ~ 1000)万的 PA - Na - 2。

③731 作捕收剂,大相对分子质量的聚丙烯酸钠 PA - Na - 2 和 PA - Na - 3 对萤石和方解石有很强的抑制作用,而白钨矿的可浮 pH 在 8.7 ~ 10 之间;PA - Na - 2 和 PA - Na - 3 在适当的浓度范围内,对萤石和方解石均有很强的抑制作用,但对白钨矿浮选的影响不大。

④当抑制剂为 PA - Na - 2 时,Pb^{2+} 离子对白钨矿的浮选具有活化作用。K^+ 、Ca^{2+} 、Al^{3+} 三种金属离子对三种矿物的抑制能力强弱顺序:Al^{3+} > K^+ ≈ Ca^{2+} ;随着 Ca^{2+} 离子浓度的增加,白钨矿、萤石和方解石的回收率均有所降低,其中白钨矿降低的幅度最大。

⑤在不添加硝酸铅的情况下,PA - Na - 2 作抑制剂时,对白钨矿:萤石 =1:1 和白钨矿:方解石 =1:1 两种混合矿的浮选分离基本没有分选性;添加硝酸铅则可以适当提高两种混合矿浮选分离的分选性。三元混合矿白钨矿:萤石:方解石 =1:1:1 的浮选精矿含 WO_3 的品位为 28.45% ,回收率为 82.35% 。

第4章　含钙矿物与抑制剂的作用机理

　　浮选过程是一个复杂的物理化学过程，药剂可吸附在相界面上，根据吸附特征分类主要有：分子吸附、离子吸附、交换吸附、双电层的内(外)层吸附、半胶束吸附及特性吸附；但就吸附本质来说，主要包括物理吸附和化学吸附两大类。物理吸附是一个可逆的多层吸附过程，主要由范德华力引起的吸附；化学吸附是一个不可逆的单层吸附过程、不易解析，主要由化学键引起的吸附[19]。

　　本章通过动电位、红外光谱及 XPS 等检测方法，探讨了硅酸钠和聚丙烯酸钠(即 PA – Na – 2)对白钨矿、萤石和方解石三种矿物的抑制机理。

4.1　硅酸钠在含钙矿物表面的作用机理分析

4.1.1　硅酸钠与矿物作用产物形式

　　根据水玻璃在水溶液中发生水解的不同形式，其水解产物也有所不同，因此水玻璃抑制脉石矿物的机理有两种说法。一部分学者认为水玻璃水解的产物 $HSiO_3^-$ 和 H_2SiO_3 分子是起抑制作用的主要有效成分，它们在矿物表面吸附使得矿物表面亲水，根据吸附程度的不同，对矿物产生选择性抑制[161]。另一部分学者认为除了 $HSiO_3^-$ 和 H_2SiO_3 分子起抑制作用外，水玻璃溶液体系中的 SiO_2 胶体也是一种主要的有效抑制成分。根据水玻璃模数越大，对含钙矿物抑制效果越好的试验现象推测出 SiO_2 胶体的抑制作用。水玻璃电离可产生胶态 SiO_2，水玻璃的模数越大，产生的胶态 SiO_2 越多，且与浮选试验结果相对应[162]。

　　文献报道，标准硅酸钠红外光谱中羟基峰在 $3670 \sim 3580$ cm^{-1}(尖)和 $1500 \sim 1250$ cm^{-1}(强、宽)处；分子间缔合羟基吸收峰位于 $3550 \sim 3200$ cm^{-1}，二聚体位于 $3550 \sim 3450$ cm^{-1}，较尖；多聚体位于 $3400 \sim 3200$ cm^{-1}，强而宽；结晶水羟基峰位于 $3600 \sim 3100$ cm^{-1} 之间和 $1645 \sim 1615$ cm^{-1} 之间，前者峰弱而尖，后者宽而弱[163]。Si—O 键的基本振动频率范围有 $900 \sim 1150$ cm^{-1} 之间和 $650 \sim 800$ cm^{-1} 之间[164]，SiO_3^{2-} 在 $1010 \sim 970$ cm^{-1} 处有强而宽的吸收峰，SiO_4^{3-} 则分别在 $1000 \sim 800$ cm^{-1} 和 $550 \sim 450$ cm^{-1} 之间有吸收峰[165]。硅酸钠与白钨矿、萤石和方解石作用前后的红外光谱图分别如图 4 – 1、图 4 – 2 和图 4 – 3 所示。

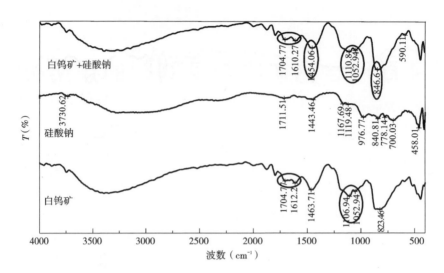

图 4－1　白钨矿与硅酸钠作用前后的红外光谱

Fig. 4－1　FTIR spectra of scheelite reacting with and without Na₂SiO₃

根据图 4－1 中白钨矿与硅酸钠作用前后红外光谱图的变化可以看出：硅酸钠与白钨矿作用后，白钨矿的红外光谱图上未出现新的吸收峰，但部分峰因为硅酸钠的作用发生了位移或强度增大。硅酸钠中结晶水羟基宽峰 1711.51 cm^{-1} 使得 1704.77 cm^{-1} 与 1610.27 cm^{-1} 之间的峰值相对于白钨矿表面的峰值增强。由于硅酸钠中的羟基吸收峰 1443.46 cm^{-1} 的存在，白钨矿 1463.71 cm^{-1} 吸收峰发生 9.65 cm^{-1} 的位移产生了 1454.06 cm^{-1} 峰。硅酸钠中 SiO_3^{2-} 的 Si—O 振动吸收峰 976.77 cm^{-1} 使得白钨矿 1052.94 cm^{-1} 吸收峰强度增强。硅酸钠中的 840.81 cm^{-1} 为 SiO_4^{4-} 中 Si—O 振动吸收峰，白钨矿与硅酸钠作用后，823.46 cm^{-1} 吸收峰发生 23.14 cm^{-1} 位移至 846.6 cm^{-1}。Si—O 键振动在白钨矿表面引起在吸收峰的变化说明硅酸钠在白钨矿表面发生了吸附。

图 4－2 红外光谱图的变化表明：硅酸钠与萤石作用后，萤石的红外光谱图上出现了 3631.3 cm^{-1}、1687.41 cm^{-1} 等新吸收峰，对照硅酸钠光谱图，3631.3 cm^{-1} 应为硅酸钠中的缔合羟基振动吸收峰 3730.62 cm^{-1} 发生 99.32 cm^{-1} 位移产生的；1687.41 cm^{-1} 应为硅酸钠中的结晶水羟基振动吸收峰 1711.51 cm^{-1} 发生 24.1 cm^{-1} 位移产生的。萤石表面 1049.09 cm^{-1} 峰位移至了 1047.16 cm^{-1}，且峰的强度明显增加，由此看出萤石表面有 SiO_4^{4-} 基团的存在，说明硅酸钠在萤石表面发生了吸附。

从图 4－3 中红外光谱图的变化可以看出：硅酸钠与方解石作用后，方解石的红外光谱图上未出现新的吸收峰，但部分峰因为硅酸钠的作用发生了位移。硅酸

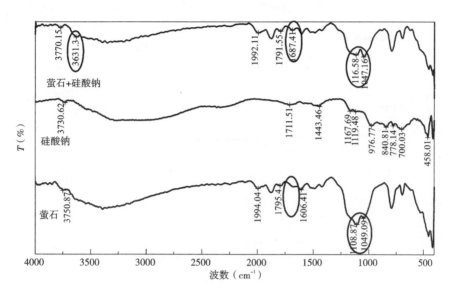

图 4 - 2　萤石与硅酸钠作用前后的红外光谱

Fig. 4 - 2　FTIR spectra of fluorite reacting with and without Na$_2$SiO$_3$

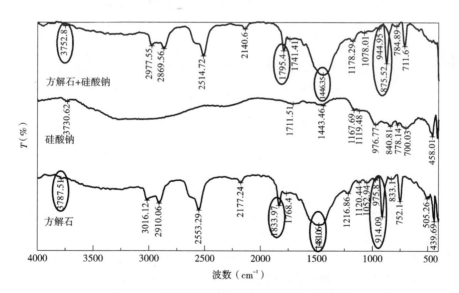

图 4 - 3　方解石与硅酸钠作用前后的红外光谱

Fig. 4 - 3　FTIR spectra of calcite reacting with and without Na$_2$SiO$_3$

钠中的缔合羟基振动吸收峰 3730.62 cm^{-1} 使得作用前方解石的 3787.51 cm^{-1} 峰位移至了 3752.8 cm^{-1}；硅酸钠中的结晶水羟基峰 1711.51 cm^{-1} 和 1443.46 cm^{-1} 使得作用前方解石的 1768.4 cm^{-1} 峰和 1481.06 cm^{-1} 分别位移至了 1741.41 cm^{-1} 和 1446.35 cm^{-1}。由于硅酸钠中 SiO_3^{2-} 的 Si—O 振动吸收峰 976.77 cm^{-1}，作用前方解石的 975.8 cm^{-1} 峰位移至了 944.95 cm^{-1}；硅酸钠中 SiO_4^{4-} 的 Si—O 振动吸收峰 840.81 cm^{-1} 使得方解石 914.09 cm^{-1} 吸收峰位移至了 875.52 cm^{-1}，由此可以说明方解石表面吸附了 SiO_3^{2-} 和 SiO_4^{4-} 基团。

4.1.2　硅酸钠对矿物表面动电位的影响

为进一步探讨硅酸钠对萤石和方解石的选择性抑制机理，分别测定了白钨矿、萤石和方解石在去离子水、硅酸钠体系中矿物表面动电位与 pH 的关系，结果如图 4-4、图 4-5 和图 4-6 所示。

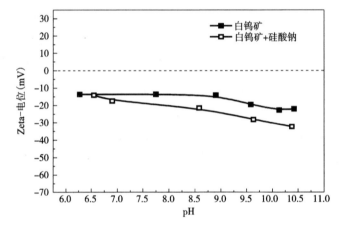

图 4-4　硅酸钠对白钨矿表面动电位的影响

Fig. 4-4　Zeta potential of scheelite as a function of pH in different system

图 4-4~图 4-6 的测试结果表明：在去离子水中，白钨矿表面在所研究的 pH 范围内荷负电，随着 pH 的增加而不断负移，未出现零电点。随着 pH 的增加，萤石表面的动电位逐渐向负方向移动，当 pH =8.5 时，萤石表面动电位为零，当 pH <8.5 时，萤石表面荷正电，pH >8.5 时，萤石表面荷正电。方解石的零电点 pH$_{PZC}$ = 9.5，当 pH <9.5 时，方解石表面荷正电，pH >9.5 时，方解石表面荷正电。

动电位测试结果表明：硅酸钠在带负电的白钨矿表面吸附并使其 Zeta 电位负移；在带正电的萤石和方解石表面吸附，显著改变了萤石和方解石的 Zeta 电位，使得两种矿物表面带负电。综合红外光谱数据中的吸收峰位移情况，表明硅酸钠在三种含钙矿物表面发生了化学吸附，在白钨矿表面的吸附较弱。

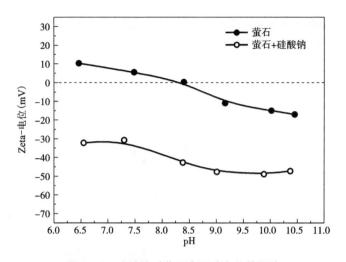

图 4 - 5　硅酸钠对萤石表面动电位的影响

Fig. 4 - 5　Zeta potential of fluorite as a function of pH in different system

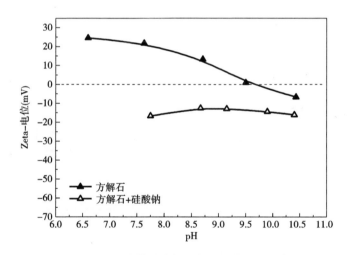

图 4 - 6　硅酸钠对方解石表面动电位的影响

Fig. 4 - 6　Zeta potential of calcite as a function of pH in different system

4.1.3　矿物与硅酸钠作用前后 XPS 能谱的变化规律

XPS 即为 X 射线光电子能谱也被称为化学分析用电子能谱（ESCA），它是通过测量内层电子结合能的位移来确定元素的化学状态。该方法由 1981 年获得诺贝尔物理奖的瑞典科学家 Kai M. Siegbahn 教授于 1962 年发展起来的。XPS 是一种非破坏性的表面分析手段，表面灵敏度在 0.1% 左右，入射的 X 射线电离出内层电子,使得结合能变化,发生化学位移,通过化学位移可以鉴定元素存在的化学结合状态。同时,化学环境的变化会使得元素的光电子谱双峰间的距离发生变化,通过谱峰强度可以计算出各原子质量浓度,也能直接反映出离子的变化情况。XPS 能谱分析主要应用与对化学元素的定性分析、表面元素定性或半定量分析及元素化学价态分析等方面,是一种最主要的表面分析方法,广泛应用于化学化工、材料、机械及电子材料等领域。

本节主要考察了当抑制剂为硅酸钠时,硅酸钠与白钨矿、萤石和方解石反应前后三种矿物 XPS 能谱的变化情况。

(1)白钨矿与硅酸钠作用前后 XPS 能谱的变化规律

图 4-7 为白钨矿经硅酸钠处理前后的 XPS 全谱图,根据谱图可以看出:白钨矿与硅酸钠作用后未产生新的峰,但是各元素的结合能和峰的强度有所变化。为了进一步分析白钨矿经硅酸钠处理前后的变化,对白钨矿与硅酸钠作用前后的表面元素及谱图进行了分析。图 4-8、图 4-9 及图 4-10 分别为白钨矿与硅酸钠作用前后表面钙、钨和氧的谱图。

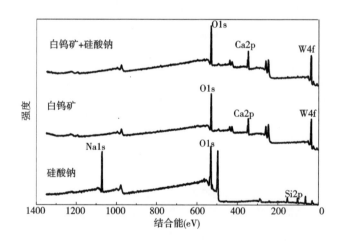

图 4-7　白钨矿经硅酸钠处理前后的 XPS 全谱图

Fig. 4-7　XPS of surface element of scheelite reacting with Na_2SiO_3

由图 4-8 的结果可以看出:结合能 346.78 eV 处的峰为 $Ca2p_{3/2}$,结合能 350.28 eV 处的峰为 $Ca2p_{1/2}$,该峰为白钨矿中钙的特征峰。图中结果显示白钨矿与硅酸钠作用前后,$Ca2p_{3/2}$ 结合能向高能方向位移 0.2 eV,位移值小于仪器误差值,$Ca2p_{1/2}$ 结合能向高能方向位移 0.4 eV;白钨矿与硅酸钠作用后表面的 $Ca2p$ 峰变强。

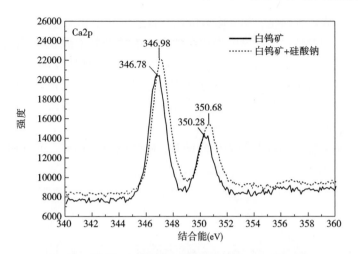

图 4 – 8　白钨矿与硅酸钠作用前后 Ca2p 的 XPS 谱图

Fig. 4 – 8　Ca2p XPS spectra of scheelite reacting with Na_2SiO_3

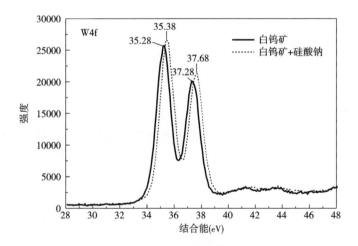

图 4 – 9　白钨矿与硅酸钠作用前后 W4f 的 XPS 谱图

Fig. 4 – 9　W4f XPS spectra of scheelite reacting with Na_2SiO_3

　　图 4 – 9 的测试结果表明，结合能 35.28 eV 处的峰为 W4f，该峰为白钨矿中钨的特征峰。白钨矿与硅酸钠作用后，白钨矿表面 W4f 结合能向高能方向位移 0.1 eV，小于仪器误差值。

　　由图 4 – 10 的结果可以看出：结合能 530.28 eV 处的峰为 O1s，该峰为白钨矿中氧的特征峰，结合能 531.18 eV 处的峰为硅酸钠中氧的特征峰。白钨矿与硅酸钠作用后，O1s 结合能向高能方向位移 0.3 eV，峰的强度增强。

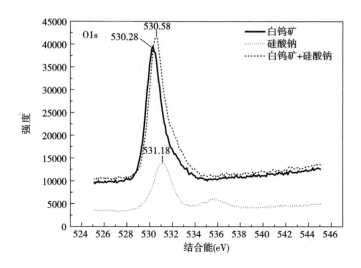

图 4 – 10　白钨矿与硅酸钠作用前后 O1s 的 XPS 谱图

Fig. 4 –10　O1s XPS spectra of scheelite reacting with Na₂SiO₃

根据白钨矿表面 Ca2p、W4f 和 O1s 的谱图变化可知：三种元素的结合能均向高能量方向发生了移动，小于或等于仪器的误差值 0.3 eV，说明硅酸钠对白钨矿的内层电子的结合能影响很小，表明硅酸钠在白钨矿表面吸附，但作用相对较弱。

（2）萤石与硅酸钠作用前后 XPS 能谱的变化规律

图 4 – 11 为萤石经硅酸钠处理前后的 XPS 全谱图，根据表 2 – 2 中萤石纯矿物的 XRD 分析可知萤石表面的 Si 和 O 是由于杂质石英引起的。萤石与硅酸钠作用后未发现新的特征峰，但是 Si 和 O 的特征峰强度明显增强，说明萤石表面吸附了 Si 和 O，由此可见，硅酸钠在萤石表面发生了化学吸附。为了进一步分析萤石与硅酸钠的作用情况，对萤石与硅酸钠作用前后的表面元素及谱图进行了分析。结果如图 4 – 12、图 4 – 13、图 4 – 14 及图 4 – 15 所示。

图 4 – 12 的测试结果表明，结合能 348.08 eV 处的峰为 Ca2p$_{3/2}$，结合能 351.68 eV 处的峰为 Ca2p$_{1/2}$，该峰为萤石中钙的特征峰。萤石与硅酸钠作用后，表面 Ca2p$_{3/2}$ 结合能向高能方向位移 0.4 eV，Ca2p$_{1/2}$ 结合能向高能方向位移 0.3 eV，由此可以说明 Ca2p 谱图发生了化学位移；萤石与硅酸钠作用后，Ca2p 峰变弱。

由图 4 – 13 的结果可以看出：结合能 685.18 eV 处的峰为 F1s，是萤石中氟的特征峰。萤石与硅酸钠作用后，萤石表面 F1s 结合能向高能方向位移 0.2 eV，小于仪器误差值；硅酸钠与萤石作用，使得 F1s 峰变弱。

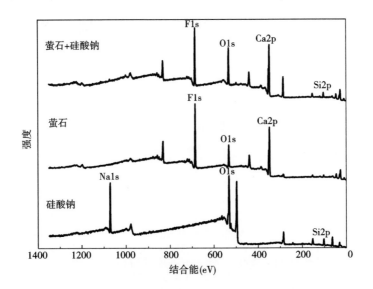

图 4 – 11　萤石经硅酸钠处理前后的 XPS 全谱图

Fig. 4 – 11　XPS of surface element of fluorite reacting with Na₂SiO₃

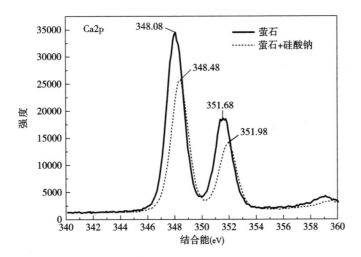

图 4 – 12　萤石与硅酸钠作用前后 Ca2p 的 XPS 谱图

Fig. 4 – 12　Ca2p XPS spectra of fluorite reacting with Na₂SiO₃

　　根据图 4 – 12 和图 4 – 13 的谱图变化可知：Ca2p 和 F1s 的结合能均向高能量方向发生了移动，分别为 0.4eV 和 0.2eV，说明萤石表面 Ca2p 发生了化学位移，而 F1s 基本没变。由此可见，硅酸钠在萤石表面发生了化学吸附，且作用较强。

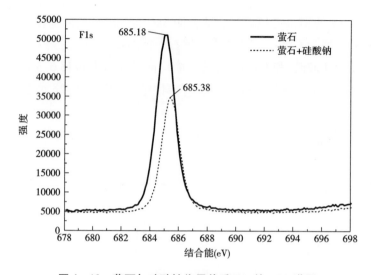

图 4 – 13　萤石与硅酸钠作用前后 F1s 的 XPS 谱图

Fig. 4 – 13　F1s XPS spectra of fluorite reacting with Na₂SiO₃

（3）方解石与硅酸钠作用前后 XPS 能谱的变化规律

图 4 – 14 为方解石经硅酸钠处理前后的 XPS 全谱图，由图 4 – 14 可以看出：方解石与硅酸钠作用后出现了 Si2p 的特征峰，表明方解石表面有 Si 的存在。为了进一步分析方解石与硅酸钠的作用情况，对方解石与硅酸钠作用前后的表面元素及其谱图进行了分析。图 4 – 15、图 4 – 16 及图 4 – 17 分别为方解石与硅酸钠作用前后表面钙、碳和氧的谱图。

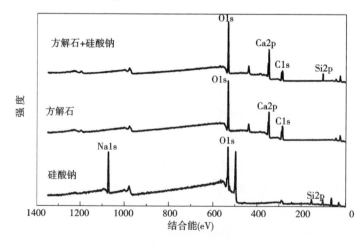

图 4 – 14　方解石经硅酸钠处理前后的 XPS 全谱图

Fig. 4 – 14　XPS of surface element of calcite reacting with Na₂SiO₃

　　由图 4 - 15 的结果可以看出：结合能 346.48 eV 处的峰为 Ca2p$_{3/2}$，结合能 350.08 eV 处的峰为 Ca2p$_{1/2}$，该峰为方解石中钙的特征峰。方解石与硅酸钠作用后，方解石表面 Ca2p$_{3/2}$ 和 Ca2p$_{1/2}$ 的结合能均向高能方向位移 0.5 eV，由此可以说明 Ca2p 谱图发生了化学位移；方解石与硅酸钠作用后，Ca2p 峰变强。

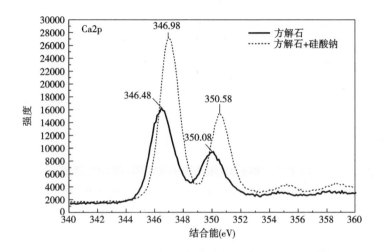

图 4 - 15　方解石与硅酸钠作用前后 Ca2p 的 XPS 谱图
Fig. 4 - 15　Ca2p XPS spectra of calcite reacting with Na$_2$SiO$_3$

　　由图 4 - 16 的结果可以看出：结合能 284.43 eV 处的峰为 C1s，该峰为方解石中碳的特征峰。方解石与硅酸钠作用后，方解石表面 C1s 结合能向高能方向位移 0.41 eV，由此可以说明 C1s 谱图发生了化学位移。

　　由图 4 - 17 的结果可以看出：结合能 530.98 eV 处的峰为 O1s，该峰为方解石中氧的特征峰。方解石与硅酸钠作用前后，方解石表面 O1s 结合能向高能方向位移 0.4 eV。结合能 531.18 eV 处的峰为硅酸钠中氧的特征峰，方解石与硅酸钠作用后的 O1s 的结合能相对于硅酸钠向高能量方向位移了 0.2 eV。方解石与硅酸钠作用后，O1s 峰变强。

　　综合图 4 - 15、图 4 - 16、图 4 - 17 的结果可知：Ca2p、C1s 和 O1s 的结合能均向高能量方向发生了移动，分别为 0.5 eV、0.41 eV 和 0.4 eV，均发生了化学位移，说明硅酸钠对方解石表面发生了化学吸附，且作用较强。

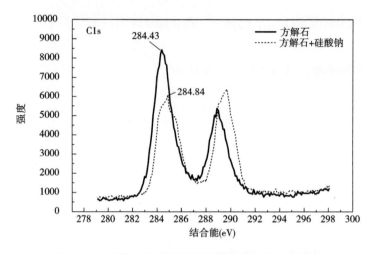

图 4 – 16　方解石与硅酸钠作用前后 C1s 的 XPS 谱图

Fig. 4 – 16　C1s XPS spectra of calcite reacting with Na$_2$SiO$_3$

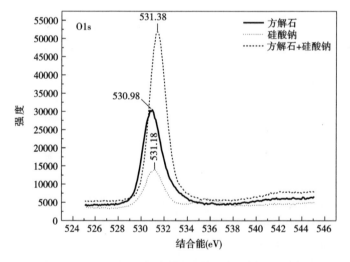

图 4 – 17　方解石与硅酸钠作用前后 O1s 的 XPS 谱图

Fig. 4 – 17　O1s XPS spectra of calcite reacting with Na$_2$SiO$_3$

4.2　聚丙烯酸钠在含钙矿物表面的作用机理分析

4.2.1　聚丙烯酸钠与矿物作用产物形式

　　本小节主要采用红外光谱分析了抑制剂聚丙烯酸钠与三种含钙矿物的作用产物。文献报道标准红外光谱图中显示在 1580 ~ 1530 cm^{-1} 波数范围存在 COO$^-$ 强的特征吸收峰，在 1420 ~ 1375 cm^{-1} 波数范围内存在 COO$^-$ 稍弱的特征吸收峰。聚丙烯酸钠中的羧基均以 COO$^-$ 的形式存在，形成了类似 – CH$_2$ – 的 1564 cm^{-1} 附近强度较大的反对称振动吸收峰和 1410 cm^{-1} 附近较弱的对称振动[166]。已有研究也发现聚丙烯酸钠红外光谱中 1550 cm^{-1} 和 1452 cm^{-1} 为两个羧酸盐的特征吸收峰[167]。聚丙烯酸钠与白钨矿、萤石和方解石作用的红外光谱图分别如图 4 – 18、图 4 – 19 和图 4 – 20 所示。

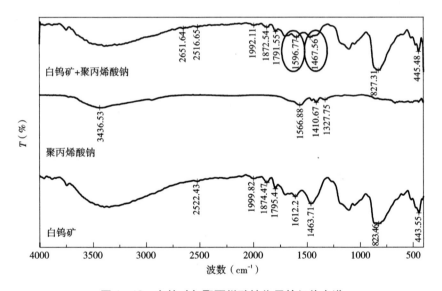

图 4 – 18　白钨矿与聚丙烯酸钠作用的红外光谱

Fig. 4 – 18　FTIR spectra of scheelite reacting before and after with PA – Na – 2

　　根据图 4 – 18 中白钨矿与聚丙烯酸钠作用前后的漫反射红外光谱图的变化可以看出：白钨矿与聚丙烯酸钠作用后在 1596.77 cm^{-1} 附近出现了羧酸根（COO$^-$）的反对称振动的特征峰，与聚丙烯酸钠的漫反射红外光谱图中的 COO$^-$ 的反对称振动特征峰 1566.88 cm^{-1} 相比，波数向高波数移动了 29.89 cm^{-1}，相对于白钨矿表面的 1612.2 cm^{-1} 吸收峰向低波数移动了 15.43 cm^{-1}；聚丙烯酸钠的漫反射红

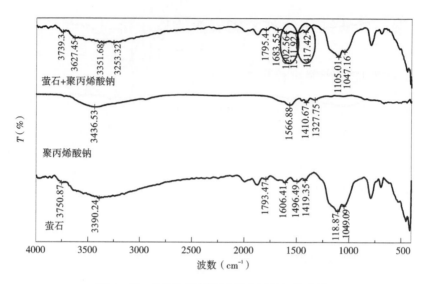

图 4 - 19 萤石与聚丙烯酸钠作用的红外光谱

Fig. 4 - 19 FTIR spectra of fluorite reacting before and after with PA - Na - 2

外光谱图中的 COO^- 的对称振动特征峰 1410.67 cm^{-1} 使得白钨矿与聚丙烯酸钠作用后 1467.56 cm^{-1} 附近的吸收峰变宽，相对于白钨矿表面的 1463.71 cm^{-1} 吸收峰向高波数移动了 3.85 cm^{-1}。由此可以说明聚丙烯酸钠与白钨矿表面产生了化学作用。

图 4 - 19 中漫反射红外光谱图的变化表明，萤石与聚丙烯酸钠作用后 1602.56 cm^{-1} 与 1511.92 cm^{-1} 之间的峰相对萤石漫反射红外光谱中 1606.41 cm^{-1} 与 1496.49 cm^{-1} 之间的峰更为平坦；聚丙烯酸钠的漫反射红外光谱图中的 COO^- 的反对称振动特征峰 1566.88 cm^{-1} 使得萤石的 1496.49 cm^{-1} 峰移至了 1511.92 cm^{-1}；聚丙烯酸钠的 COO^- 的对称振动特征峰 1410.67 cm^{-1} 使得萤石的 1419.35 cm^{-1} 向低波数位移了 1.93 cm^{-1}。由此可以说明聚丙烯酸钠与萤石表面产生了化学作用。

图 4 - 20 中漫反射红外光谱图的变化表明，方解石与聚丙烯酸钠作用后出现了新的特征吸收峰 1616.08 cm^{-1}，其为羧酸根（COO^-）的反对称振动的特征峰，与聚丙烯酸钠的漫反射红外光谱图中的 COO^- 的反对称振动特征峰 1566.88 cm^{-1} 相比，波数向高波数移动了 49.2 cm^{-1}；聚丙烯酸钠的 COO^- 的对称振动特征峰 1410.67 cm^{-1} 使得方解石的 1442.49 cm^{-1} 向低波数位移了 5.78 cm^{-1}。根据方解石与聚丙烯酸钠作用后漫反射红外光谱的变化，说明方解石与聚丙烯酸钠之间发生了化学作用。

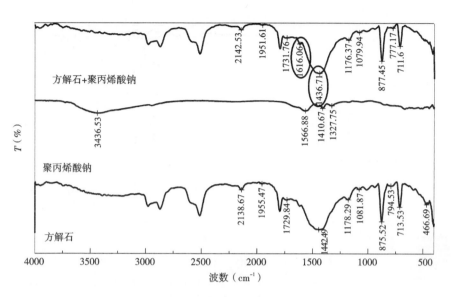

图 4 - 20　方解石与聚丙烯酸钠作用的红外光谱

Fig. 4 - 20　FTIR spectra of calcite reacting before and after with PA - Na - 2

4.2.2　聚丙烯酸钠对矿物表面动电位的影响

聚丙烯酸钠是一种高分子聚电解质，溶解在水中后能离解出 Na^+ 离子和带有众多的羧酸根负离子的聚丙烯酸根离子，成为超多价的离子，容易与矿物表面发生吸附。据 J. Drzymala 和 D. W. Fuerstenau 报道[168]，电位滴定法测定聚丙烯酸钠的解离情况，在 pH < 4 不解离，pH > 9.5 时充分解离。浮选试验结果表明：聚丙烯酸钠对白钨矿、萤石和方解石的抑制作用受 pH 控制，在中性 pH 条件下，聚丙烯酸钠分子中羧基部分解离，部分仍与 H^+ 离子键合，于是分子内和分子间氢键作用使分子链卷曲，而减弱了聚丙烯酸钠的抑制效果。在 pH > 9 时，羧基基本解离，分子链伸展，大量的羧基在萤石、方解石表面作用，因而在碱性条件下抑制效果好，选择性高。

图 4 - 21、图 4 - 22 和图 4 - 23 所示为聚丙烯酸钠对三种矿物表面电位的影响。从图 4 - 21 可以看出，以盐酸和碳酸钠调节 pH 时，白钨矿在所研究的 pH 范围内表面荷负电，加入聚丙烯酸钠后，相同 pH 下的表面电位发生了负移。从图 4 - 22 可以看出，萤石在所研究的 pH 范围内表面电位由正变负，等电点为 8.5，加入聚丙烯酸钠后，相同 pH 下的表面电位发生负移，其负移的绝对值大于白钨矿。从图 4 - 23 可以看出，方解石在所研究的 pH 范围内表面电位由正变负，

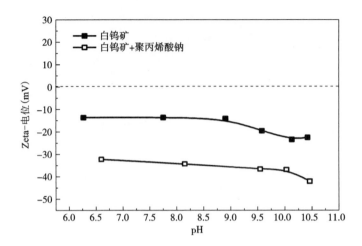

图 4 - 21　白钨矿在两种体系中 Zeta - 电位与 pH 的关系

Fig. 4 - 21　Zeta potential of scheelite as a function of pH in different system

等电点为 9.5，加入聚丙烯酸钠后，相同 pH 下方解石表面电位发生显著负移，其负移的绝对值均大于白钨矿和萤石。

　　综合图 4 - 21、图 4 - 22 和图 4 - 23 可以看出，加入聚丙烯酸钠使得萤石和方解石的表面电位负移的程度均大于白钨矿，由此说明聚丙烯酸钠对萤石和方解石的抑制能力强于对白钨矿的抑制能力。

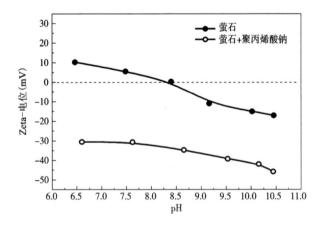

图 4 - 22　萤石在两种体系中 Zeta - 电位与 pH 的关系

Fig. 4 - 22　Zeta potential of fluorite as a function of pH in different system

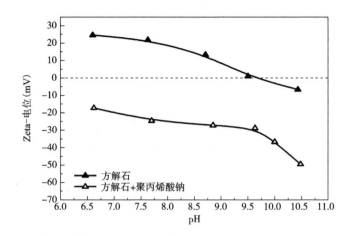

图 4 – 23　方解石在两种体系中 Zeta – 电位与 pH 的关系

Fig. 4 – 23　Zeta potential of calcite as a function of pH in different system

4.2.3　矿物与聚丙烯酸钠作用前后 XPS 能谱的变化规律

（1）白钨矿与聚丙烯酸钠作用前后 XPS 能谱的变化规律

图 4 – 24 为白钨矿经聚丙烯酸钠处理前后白钨矿的 XPS 全谱图，由图 4 – 24 可以看出：白钨矿与聚丙烯酸钠作用后，白钨矿表面未产生新的特征峰，但是各元素的结合能和峰的强度有所变化。为了进一步分析白钨矿经聚丙烯酸钠处理前后的变化，对白钨矿与聚丙烯酸钠作用前后的表面元素及谱图进行了分析。图 4 – 25、图 4 – 26 及图 4 – 27 分别为白钨矿与聚丙烯酸钠作用前后表面钙、钨和氧的谱图。

由图 4 – 25 的结果可以看出：结合能 346.78 eV 处的峰为 $Ca2p_{3/2}$，结合能 350.28 eV 处的峰为 $Ca2p_{1/2}$，该峰为白钨矿中钙的特征峰。图中结果显示白钨矿与聚丙烯酸钠作用前后，白钨矿表面 $Ca2p_{3/2}$ 结合能向高能方向位移 0.03 eV，$Ca2p_{1/2}$ 结合能向高能方向位移 0.1 eV，均小于仪器误差值；白钨矿与聚丙烯酸钠作用后，$Ca2p$ 峰变强。

图 4 – 26 的结果表明，结合能 35.28 eV 处的峰为 $W4f$，该峰为白钨矿中钨的特征峰。与聚丙烯酸钠作用前后，白钨矿表面 $W4f$ 结合能向低能方向位移 0.1 eV，小于仪器误差值。

由图 4 – 27 的结果可以看出：结合能 530.28 eV 处的峰为 $O1s$，该峰为白钨矿中氧的特征峰。白钨矿与聚丙烯酸钠作用前后，$O1s$ 结合能未发生位移。结合能 531.08 eV 处的峰为聚丙烯酸钠中氧的特征峰，白钨矿与聚丙烯酸钠作用后的

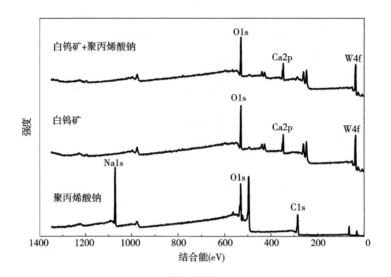

图 4 – 24 白钨矿经聚丙烯酸钠处理前后的 XPS 全谱图

Fig. 4 – 24 XPS of surface element of scheelite reacting with PA – Na – 2

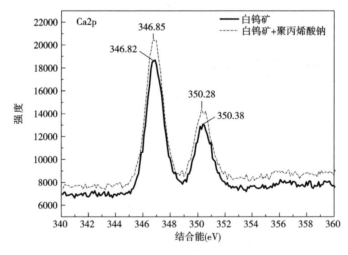

图 4 – 25 白钨矿与聚丙烯酸钠作用前后 Ca2p 的 XPS 谱图

Fig. 4 – 25 Ca2p XPS spectra of scheelite reacting with PA – Na – 2

O1s 的结合能相对聚丙烯酸钠向高能方向位移 0.8 eV。白钨矿与聚丙烯酸钠作用后，O1s 峰变弱。

根据白钨矿表面三种元素的谱图可知：Ca2p、W4f 和 O1s 的结合能均向高能量方向发生了移动，Ca2p 和 W4f 的移动值小于仪器的误差值 0.3 eV，O1s 的结合

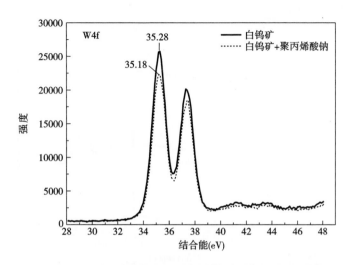

图 4 - 26　白钨矿与聚丙烯酸钠作用前后 W4f 的 XPS 谱图

Fig. 4 - 26　W4f XPS spectra of scheelite reacting with PA - Na - 2

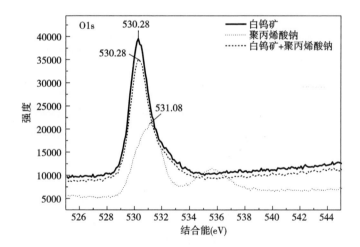

图 4 - 27　白钨矿与聚丙烯酸钠作用前后 O1s 的 XPS 谱图

Fig. 4 - 27　O1s XPS spectra of scheelite reacting with PA - Na - 2

能未发生位移，说明聚丙烯酸钠对白钨矿内层的 Ca2p、W4f 和 O1s 结合能基本没有影响，由此可见聚丙烯酸钠在白钨矿表面作用很弱。

（2）萤石与聚丙烯酸钠作用前后 XPS 能谱的变化规律

图 4 - 28 为萤石经聚丙烯酸钠处理前后的 XPS 全谱图，从图中看出：萤石的表面不是很纯，含有少量的 Si 和 O。萤石与聚丙烯酸钠作用后产生了新的 C1s 特

征峰。为了进一步分析萤石与聚丙烯酸钠的作用情况，对萤石与聚丙烯酸钠作用前后的表面元素及谱图进行了分析。图4-29及图4-30分别为萤石与聚丙烯酸钠作用前后表面钙和氟的谱图。

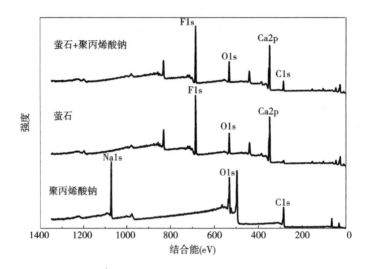

图4-28　萤石经聚丙烯酸钠处理前后的 XPS 全谱图

Fig. 4-28　XPS of surface element of fluorite reacting with PA-Na-2

由图4-29的结果可以看出：结合能348.08 eV 处的峰为 $Ca2p_{3/2}$，结合能351.68 eV 处的峰为 $Ca2p_{1/2}$，该峰为萤石中钙的特征峰。萤石与聚丙烯酸钠作用后，萤石表面 $Ca2p_{3/2}$ 结合能向高能方向位移0.51 eV，$Ca2p_{1/2}$ 结合能向高能方向位移0.5 eV，由此可以说明 Ca2p 谱图发生了化学位移；萤石与聚丙烯酸钠作用后，Ca2p 峰变弱。

图4-30的测试结果表明，结合能685.18 eV 处的峰为 F1s，该峰为萤石中氟的特征峰。萤石与聚丙烯酸钠作用后，萤石表面 F1s 结合能向高能方向位移0.2 eV，小于仪器误差值；萤石与聚丙烯酸钠作用后，F1s 峰变弱。

根据图4-29和图4-30的谱图变化可知：萤石与聚丙烯酸钠作用后，Ca2p 和 F1s 的结合能均向高能量方向发生了移动，分别为0.51 eV 和0.2 eV，说明萤石表面 Ca2p 发生了化学位移，而 F1s 基本没变。由此可见，聚丙烯酸钠在萤石表面发生了化学吸附，且作用较强。

（3）方解石与聚丙烯酸钠作用前后 XPS 能谱的变化规律

图4-31为方解石经聚丙烯酸钠处理前后的 XPS 全谱图，由图4-31可以看出：方解石与聚丙烯酸钠作用后未出现新的特征峰，但各峰的结合能和强度均有所变化。为了进一步分析方解石与聚丙烯酸钠的作用情况，对方解石与聚丙烯酸

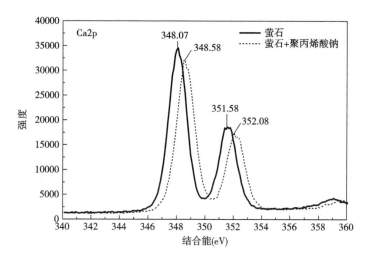

图 4 - 29　萤石与聚丙烯酸钠作用前后 Ca2p 的 XPS 谱图

Fig. 4 - 29　Ca2p XPS of spectra fluorite reacting with PA - Na - 2

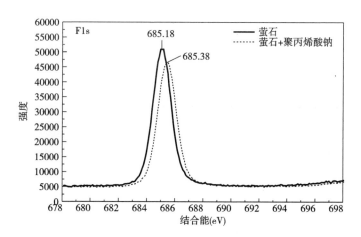

图 4 - 30　萤石与聚丙烯酸钠作用前后 F1s 的 XPS 谱图

Fig. 4 - 30　F1s XPS of spectra fluorite reacting with PA - Na - 2

钠作用前后的表面元素及谱图进行了分析。图 4 - 32、图 4 - 33 及图 4 - 34 分别为方解石与聚丙烯酸钠作用前后表面钙、碳和氧的谱图。

　　由图 4 - 32 的结果可以看出：结合能 346.48 eV 处的峰为 $Ca2p_{3/2}$，结合能 350.08 eV 处的峰为 $Ca2p_{1/2}$，该峰为方解石中钙的特征峰。方解石与聚丙烯酸钠作用后，方解石表面 $Ca2p_{3/2}$ 的结合能向高能方向位移 0.7 eV，$Ca2p_{1/2}$ 的结合能向高能方向位移 0.7 eV，由此可以说明 Ca2p 谱图发生了化学位移；方解石与硅酸钠作用后，Ca2p 峰变强。

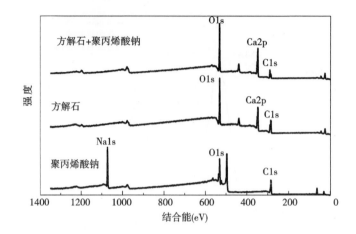

图 4 – 31　方解石与聚丙烯酸钠处理前后的 XPS 全谱图

Fig. 4 – 31　XPS of surface element of calcite reacting with PA – Na – 2

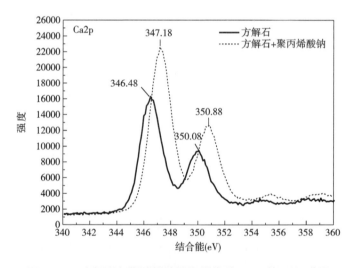

图 4 – 32　方解石与聚丙烯酸钠作用前后 Ca2p 的 XPS 谱图

Fig. 4 – 32　Ca2p XPS spectra of calcite reacting with PA – Na – 2

由图 4 – 33 的结果可以看出：结合能 284.43 eV 处的峰为 C1s，该峰为方解石中碳的特征峰。方解石与聚丙烯酸钠作用后，方解石表面 C1s 结合能向高能方向位移 0.45 eV，由此可以说明 C1s 谱图发生了化学位移；方解石与聚丙烯酸钠作用后，C1s 峰变强。

由图 4 – 34 的结果可以看出：结合能 530.98 eV 处的峰为 O1s，该峰为方解石中氧的特征峰。方解石与聚丙烯酸钠作用前后，方解石表面 O1s 结合能向高能

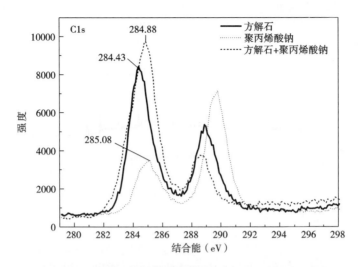

图 4 – 33　方解石与聚丙烯酸钠作用前后 C1s 的 XPS 谱图

Fig. 4 – 33　C1s XPS of spectra calcite reacting with PA – Na – 2

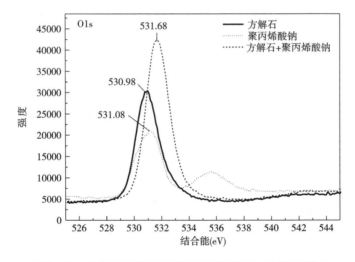

图 4 – 34　方解石与聚丙烯酸钠作用前后 O1s 的 XPS 谱图

Fig. 4 – 34　O1s XPS spectra of calcite reacting with PA – Na – 2

方向位移 0.7 eV。结合能 531.08 eV 处的峰为聚丙烯酸钠中氧的特征峰，方解石与聚丙烯酸钠作用后的 O1s 的结合能相对于聚丙烯酸钠向高能量方向位移了 0.6 eV。方解石与聚丙烯酸钠用后，O1s 峰变强。

　　由方解石与聚丙烯酸钠作用前后表面元素的谱图变化可知：Ca2p、C1s 和

O1s 的结合能均向高能量方向发生了移动,分别为 0.7 eV、0.45 eV 和 0.7 eV,均发生了化学位移。由此可见,聚丙烯酸钠在方解石表面发生了化学吸附,且作用较强。

4.3   本章小结

本章通过红外光谱测试、动电位测试及 XPS 分析等方法,研究了硅酸钠和聚丙烯酸钠在白钨矿、萤石和方解石表面的吸附机理。研究结果如下:

①红外光谱研究表明:1)硅酸钠在白钨矿、萤石和方解石表明均发生了吸附;硅酸钠中 SiO_4^{4-} 基团中的 Si—O 键振动使得白钨矿 823.46 cm^{-1} 吸收峰发生 23.14 cm^{-1} 位移至 846.6 cm^{-1},方解石 914.09 cm^{-1} 吸收峰位移至 875.52 cm^{-1};硅酸钠中 SiO_3^{2-} 的 Si—O 振动吸收峰 976.77 cm^{-1} 使得萤石表面 1047.16 cm^{-1} 处的峰变得更强,方解石的 975.8 cm^{-1} 峰位移至 944.95 cm^{-1}。2)聚丙烯酸钠在白钨矿、萤石和方解石表面均出现了羧酸根(COO^-)的反对称振动的特征峰和对称振动吸收峰。

②矿物与药剂作用的动电位表明:1)硅酸钠与矿物作用后,使得矿物表面的电位负移程度强弱顺序为:萤石 > 方解石 > 白钨矿,与硅酸钠对矿物浮选时的抑制效果基本一致。2)聚丙烯酸钠与矿物作用后,使得矿物的表面电位负移程度的强弱顺序为:萤石 ≈ 方解石 > 白钨矿,与聚丙烯酸钠对矿物浮选时的抑制效果基本一致。

③XPS 测试结果表明:1)硅酸钠与矿物作用后,矿物表面的 $Ca2p_{3/2}$ 结合能向高能方向位移的大小顺序为方解石 > 萤石 > 白钨矿,分别为 0.5 eV、0.4 eV 和 0.2 eV,白钨矿的位移小于仪器误差 0.3 eV,可以认为基本没变化,萤石和方解石的 Ca2p 均发生了化学位移。2)聚丙烯酸钠与矿物作用后,矿物表面的 $Ca2p_{3/2}$ 结合能向高能方向位移的大小顺序为方解石(0.7 eV) > 萤石(0.51 eV) > 白钨矿(0.03 eV),说明聚丙烯酸钠在萤石和方解石表面的吸附强于白钨矿表面的吸附。

第 5 章　聚丙烯酸钠对含钙矿物抑制作用的量子化学理论模拟计算

　　量子化学是运用量子力学的原理研究原子、分子和晶体电子层结构和化学键理论、分子键作用力、化学反应理论，以及有机化学、无机化学和功能材料的结构和性能关系的科学，是一门综合性的学科，其中渗透了化学各分支学科，如：物理、生物及计算数学等学科[169]。

　　1927 年物理学家 Heitler 和 London 运用量子力学处理原子结构的方法研究氢分子的结构，成功地描述了两个中性原子形成化学键的过程，这一成功标志着量子化学的诞生。鲍林在最早的氢分子模型基础上发展的价键理论获得了 1954 年的诺贝尔化学奖。物理化学家密勒根于 1928 年提出了最早的分子轨道理论；1931 年，休克将发展了的密勒根分子轨道理论应用在了对苯分子共轭体的处理中；同年，贝特提出了配位场理论，并应用于过渡金属元素在配位场中能级分裂的研究。价键理论、分子轨道理论和配位场理论是量子化学中描述分子结构的三大基础理论。随着计算机的飞速发展，分子轨道理论逐渐在化学键理论中占居了主导地位。

　　现代量子化学处理问题的根本方法是 RHF 方程以及在此方程基础上进一步发展的方法。RHF 方程是 1951 年罗特汉为了求解自洽场迭代方程，提出将方程中的分子轨道用组成分子的原子轨道线展开而发展出的方程。

5.1　理想白钨矿、萤石和方解石的电子结构研究

　　基于密度泛函的第一性原理方法[170]，采用软件 Material Studio 4.4 中的 CASTEP 模块，对三种含钙矿物的能带结构、电子态密度、Milliken 布居和前线轨道进行计算。CASTEP(Cambridge Serial Total Energy Package) 是 Material Studio 中的一个量子化学模块，是由剑桥大学凝聚态理论研究组开发的、基于密度泛函方法的从头算量子力学程序。CASTEP 是利用总能量平面波赝势方法，将离子势用赝势替代，电子波函数通过平面波基组展开，电子 – 电子相互作用的交换和相关势由局域密度近似(LDA)或广义梯度近似(GGA)进行校正，是目前较为准确的电子结构计算的理论方法[171]。

　　本研究首先对三种含钙矿物的原胞模型进行优化处理，以选取较佳的交换关

联函数和平面波截断能,三种矿物的原胞模型如图 5 - 1 所示,不同交换关联函数和截断能的计算结果如表 5 - 1、表 5 - 2 所示。

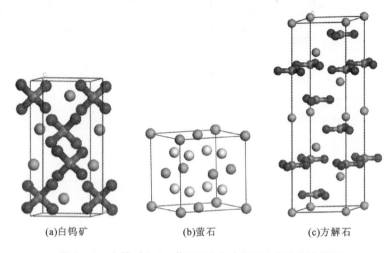

(a)白钨矿　　　　　　　(b)萤石　　　　　　　(c)方解石

图 5 - 1　白钨矿(a)、萤石(b)和方解石(c)的单胞模型

Fig. 5 - 1　Unit cell models of scheelite (a), fluorite (b) and calcite (c)

由表 5 - 1 可知,通过对几种函数计算结果的对比,函数 LDA - CA - PZ 计算出的晶格常数与实验值较为接近,因而三种含钙矿物的交换关联函数均采用 LDA - CA - PZ。表 5 - 2 的平面波截断能测试表明:白钨矿的截断能为 277 eV 时较为合理,其晶格参数的计算值 $a = b = 5.2372$Å 与实验值 $a = b = 5.2429$Å 的误差为 0.1%;萤石的截断能为 270 eV 时,其晶格参数的计算值 $a = b = c = 5.4624$Å 与实验值 $a = b = c = 5.4631$Å 的误差仅为 0.01%;方解石的截断能为 275 eV 时,模拟计算得出的晶格参数值为 $a = b = 4.9868$Å 与实验值 $a = b = 4.988$ Å 的误差仅为 0.02%。三种矿物的计算结果与实验结果的误差均很小,表明计算所采用的方法以及选取的参数是可靠的。

白钨矿、萤石和方解石的能带结构如图 5 - 2 所示,取费米能级(E_f)作为能量零点。计算结果表明:白钨矿的禁带宽度为 4.184 eV,与 Minoru Itoh 等人计算出的 4.25 eV 比较接近[173, 174];萤石的禁带宽度为 6.902 eV;方解石的禁带宽度为 4.835 eV,与 Andrew J. Skinner 等人计算出的 4.4 ± 0.2 eV 比较接近[175]。模拟计算出的禁带宽度高于或低于实验值主要是由于 GGA 近似下的 DFT,对电子与电子之间的交换关联作用处理不足引起的[176]。由于半导体的禁带宽度一般在 2 eV 以下,绝缘体的禁带宽度则更大[177],因而从能带结构计算结果可知,白钨矿、萤石和方解石均属于绝缘体。

表 5 – 1　不同交换关联函数的优化结果

Tab. 5 – 1　The optimize results of different exchange correlation functions

矿物	函数	截断能 （eV）	晶格常数 （Å）	能量 （eV）
白钨矿	GGA – PBE	300	$a = b = 5.3704,\ c = 11.7643$	– 18756.38
		270	$a = b = 5.4475,\ c = 11.9238$	– 18748.39
	GGA – RPBE	300	$a = b = 5.4755,\ c = 12.0406$	– 18767.17
		270	$a = b = 5.5375,\ c = 12.4581$	– 18759.43
	GGA – PW91	300	$a = b = 5.3610,\ c = 11.7449$	– 18770.77
		270	$a = b = 5.4464,\ c = 11.9046$	– 18762.62
	GGA – WC	300	$a = b = 5.2920,\ c = 11.4320$	– 18736.92
		270	$a = b = 5.3619,\ c = 11.5741$	– 18728.85
	LDA – CA – PZ	300	$a = b = 5.2034,\ c = 11.1368$	– 18769.16
		270	$a = b = 5.2538,\ c = 11.1925$	– 18761.20
	Experimental		$a = b = 5.2429,\ c = 11.3737$[172]	
萤石	GGA – PBE	300	$a = b = c = 5.5694$	– 2332.63
		270	$a = b = c = 5.6600$	– 2331.63
	GGA – RPBE	300	$a = b = c = 5.6698$	– 2334.56
		270	$a = b = c = 5.7690$	– 2333.58
	GGA – PW91	300	$a = b = c = 5.5606$	– 2334.64
		270	$a = b = c = 5.6509$	– 2333.63
	GGA – WC	300	$a = b = c = 5.4833$	– 2329.34
		270	$a = b = c = 5.5765$	– 2328.33
	LDA – CA – PZ	300	$a = b = c = 5.3835$	– 2329.62
		270	$a = b = c = 5.4624$	– 2328.63
	Experimental		$a = b = c = 5.4631$	
方解石	GGA – PBE	300	$a = b = 5.0723;\ c = 18.0359$	– 14825.81
		270	$a = b = 5.0834;\ c = 18.7935$	– 14815.70
	GGA – RPBE	300	$a = b = 5.1277;\ c = 18.5508$	– 14838.45
		270	$a = b = 5.1863;\ c = 19.2983$	– 14828.62
	GGA – PW91	300	$a = b = 5.0630;\ c = 17.9738$	– 14839.53
		270	$a = b = 5.0585;\ c = 18.7249$	– 14829.32
	GGA – WC	300	$a = b = 5.0305;\ c = 17.7564$	– 14804.23
		270	$a = b = 5.0486;\ c = 18.5805$	– 14793.84
	LDA – CA – PZ	300	$a = b = 4.9738;\ c = 16.8585$	– 4941.53
		270	$a = b = 4.9899;\ c = 17.5089$	– 4938.11
	Experimental		$a = b = 4.988;\ c = 17.061$	

表 5 - 2　交联函数为 LDA - CA - PZ 时，截断能测试结果

Tab. 5 - 2　The results of cutoff energy testing by LDA - CA - PZ

矿物	截断能(eV)	晶格常数(Å)
白钨矿	270	$a = b = 5.2538$；$c = 11.1925$
	275	$a = b = 5.2501$；$c = 11.2141$
	276	$a = b = 5.2571$；$c = 11.1034$
	277	$a = b = 5.2372$；$c = 11.1864$
	278	$a = b = 5.2313$；$c = 11.1706$
	280	$a = b = 5.2357$；$c = 11.1489$
	290	$a = b = 5.2126$；$c = 11.1368$
	300	$a = b = 5.2034$；$c = 11.1368$
萤石	250	$a = b = c = 5.5751$
	260	$a = b = c = 5.5082$
	270	$a = b = c = 5.4624$
	280	$a = b = c = 5.4235$
方解石	270	$a = b = 4.9899$；$c = 17.5089$
	275	$a = b = 4.9868$；$c = 17.3769$
	280	$a = b = 4.9768$；$c = 17.2815$
	290	$a = b = 4.9812$；$c = 17.0161$
	300	$a = b = 4.9738$；$c = 16.8584$

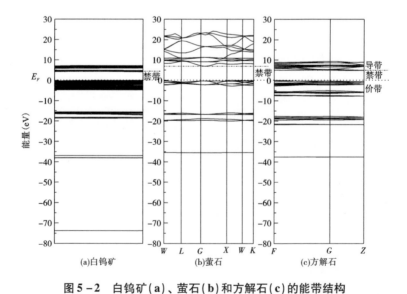

图 5 - 2　白钨矿(a)、萤石(b)和方解石(c)的能带结构

Fig. 5 - 2　Band structures of scheelite (a), fluorite (b) and calcite (c)

　　白钨矿的态密度如图 5 - 3 所示。从图中可知，白钨矿的能带在 - 80 eV 至 20 eV 范围内分为五部分，在 - 80 eV 至 - 70 eV 之间的价带由钨的 5s 轨道贡献；在 - 40 eV 至 - 30 eV 范围内的价带由钨的 5p 轨道和钙的 3s 轨道共同组成，贡献最大的是钨的 5p 轨道；在 - 20 eV 至 - 10 eV 范围内的价带主要由钙的 3p 轨道和氧的 2s 轨道组成，仅有少量由钨的 5d 轨道来贡献；顶部价带主要由氧的 2p 和钨的 5d 轨道组成；导带能级主要由氧的 2p 轨道和钨的 5d 轨道共同组成，仅有少量钙的 3d 轨道贡献。此外，钙的 3d 轨道和钨的 5d 轨道对态密度的贡献非常少。费米能级附近的态密度主要由氧的 2p 轨道构成。

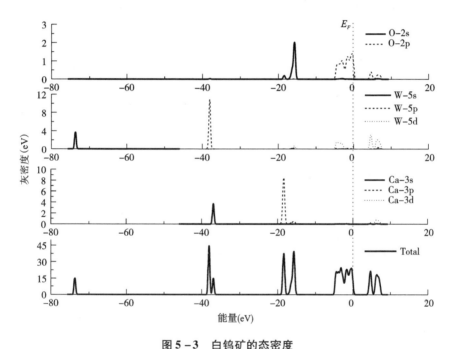

图 5 - 3　白钨矿的态密度

Fig. 5 - 3　The density of state of scheelite

　　萤石的态密度如图 5 - 4 所示。从图上可知：在 - 40 eV 至 - 30 eV 之间的价带由钙的 3s 轨道贡献；- 20.8 eV 至 - 15 eV 主要由钙的 3p 轨道和氟的 2s 轨道共同组成；顶部价带主要由氟的 2p 轨道组成；导带能级由钙的 3d 和 3s 轨道及氟的 2p 轨道共同组成。费米能级附近的态密度主要由氟的 2p 轨道构成。

　　图 5 - 5 是方解石的态密度图。从图上可知：在 - 40 eV 至 - 35 eV 范围内的价带由钙的 3s 轨道贡献；从 - 25 eV 至 - 20 eV 之间的能带大部分由碳的 2s 轨道和氧的 2p 轨道来贡献，还有极少量氧的 2p 轨道贡献；从 - 20 eV 至 - 15 eV 之间的能带由钙的 3p、碳的 2p 轨道和氧的 2s 轨道构成，还有极少量氧的 2p 轨道贡

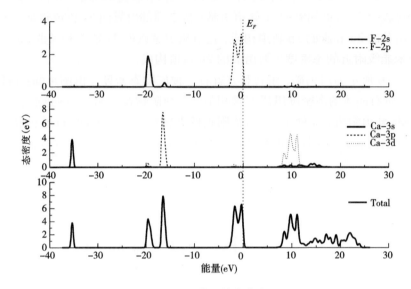

图 5-4　萤石的态密度

Fig. 5-4　The density of state of fluorite

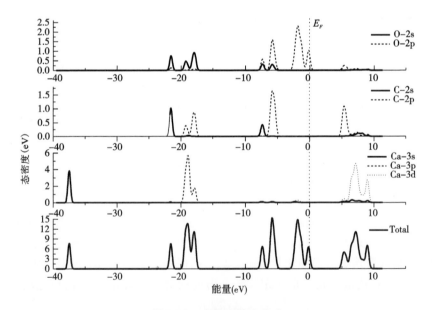

图 5-5　方解石的态密度

Fig. 5-5　The density of state of calcite

献；从 −10 eV 至 −5 eV 之间的能带主要由碳的 2p 轨道和氧的 2p 轨道构成，还有极少量碳的 2s 轨道和氧的 2s 轨道贡献；价带顶部由氧的 2s 轨道贡献；导带能级主要由钙的 3d 和碳的 2p 轨道构成，还有极少量碳的 2s 轨道和氧的 2p 轨道贡献。费米能级附近的态密度主要由氧的 2p 轨道构成。

图 5−6 所示为白钨矿、萤石和方解石三种矿物态密度。由图可知：白钨矿、方解石、萤石晶体的态密度组成非常相似，三种矿物在 −40 eV 附近的态密度主要由 Ca3s 轨道组成，而处于 −20 eV 附近的态密度主要由 Ca3p 轨道贡献。这就决定了它们的表面物化性质的相似性，因此在浮选过程中也表现出相似的表面化学性质，难以分离。

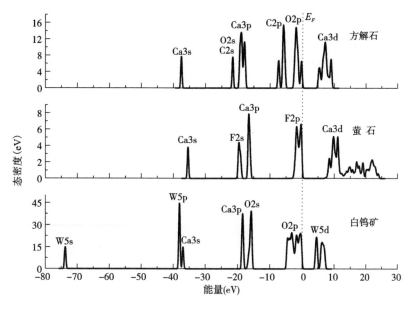

图 5−6　三种矿物的态密度比较

Fig. 5−6　The density of state of the three minerals

三种矿物态密度的微小差别主要在于：①在 −75 eV 附近白钨矿 W5s 轨道对其态密度仅有小的贡献，而其他两种矿物则没有，这是由于其所处位置的能量太低，故一般认为其难以参加化学反应；②白钨矿和方解石费米能级附近的态密度主要由氧的 2p 轨道构成，萤石费米能级附近的价带主要由 F2p 轨道组成，由于处于费米能级附近的能态组成具有较高的化学活性，因此，白钨矿和方解石在参与化学反应时是氧的活性较强，而萤石则是氟的活性较强；③萤石和方解石的导带底部的态密度主要是 Ca3d 轨道贡献，而白钨矿导带底部态密度主要由 W5d 轨道贡献。三种矿物态密度的以上这些差别均有可能成为它们选择性分离的依据。

  Mulliken 重叠布居是 Mulliken 提出一种表示电荷在各组成原子之间分布情况的方法。通过 Mulliken 布居分析可以考察模拟体系的电荷分布、转移和所形成的键的性质等情况。虽然 Mulliken 重叠布居对基组比较敏感，但是在相同的参数设置和基组条件下，重叠布居数的相对大小还是能够反映出成键强弱的信息。若重叠布居数为正时，表明两个原子间电子云有重叠，为成键状态；若重叠布居数为负时，则表明电子云重叠较少，为反键状态；若重叠布居数接近于零时，则表示两原子间的电子云没有明显的相互作用，为非键状态。而且，Mulliken 重叠布居数越大，表明形成的键的共价性越强。当重叠布居数较小，电子云重叠变小，而且原子的带电数目有逐渐增大趋势时，则该键表现出离子性[178, 179]。

  白钨矿的 O 原子、Ca 原子和 W 原子在优化前的价电子构型为 $O2s^22p^4$、$Ca3s^23p^64s^2$、$W5s^25p^65d^4$，优化后原子的 Mulliken 布居值如表 5 - 3 所示。从表 5 - 3 中可知：白钨矿优化后的价电子构型为 $O2s^{1.86}2p^{4.84}$、$Ca3s^{2.13}3p^{6.00}3d^{0.53}$、$W5s^{2.30}5p^{6.54}5d^{3.71}$。Ca 原子和 W 原子为电子供体，主要是钙的 4s 轨道失去电子，定域在 Ca 原子的电子数为 8.65 e，失去了 1.35 e，钙原子所带电荷为 +1.35 e；钨的 5d 轨道失去电子，定域在 W 原子的电子数为 12.54 e，失去了 1.46 e，钨原子所带电荷为 +1.46 e。O 原子为电子受体，主要是氧的 2p 轨道得到电子，定域在 O 原子的电子数为 6.70 e，得到了 0.70 e，O 原子所带电荷为 -0.70 e。

  萤石的 F 原子和 Ca 原子在优化前的价电子构型为 $F2s^22p^5$、$Ca3s^23p^64s^2$，优化后原子的 Mulliken 布居值如表 5 - 3 所示。从表 5 - 3 中可知：优化后的价电子构型为 $F2s^{1.96}2p^{5.71}$、$Ca3s^{2.16}3p^{6.00}4d^{0.51}$，定域在 Ca 原子的电子数为 8.68e，失去了 1.32 e，Ca 原子所带电荷为 +1.32 e，为电子供体，主要是 Ca 的 4s 轨道失去电子；定域在 F 原子的电子数为 7.66 e，得到了 0.66 e，F 原子所带电荷为 -0.66 e，为电子受体，主要是氟的 2p 轨道得到电子。

表 5 - 3　白钨矿、萤石和方解石原子的 Mulliken 布居分析

Tab. 5 - 3　Mulliken atomic population analysis of scheelite, fluorite and calcite

矿物	原子	s	p	d	Total(e)	Charge(e)
白钨矿	O	1.86	4.84	0.00	6.70	-0.70
	Ca	2.13	6.00	0.53	8.65	1.35
	W	2.30	6.54	3.71	12.54	1.46
萤石	F	1.96	5.71	0.00	7.66	-0.66
	Ca	2.16	6.00	0.51	8.68	1.32

续上表

矿物	原子	s	p	d	Total(e)	Charge(e)
方解石	C	0.83	2.41	0.00	3.24	0.76
	O	1.80	4.91	0.00	6.71	−0.71
	Ca	2.14	6.00	0.49	8.63	1.37

方解石的 C 原子、O 原子和 Ca 原子在优化前的价电子构型为 $C2s^22p^2$、$O2s^22p^4$、$Ca3s^23p^64s^2$，优化后原子的 Milliken 布居值如表 5-3 所示。从表 5-3 中可知：优化后的价电子构型为 $C2s^{0.83}2p^{2.41}$、$O2s^{1.80}2p^{4.91}4s^{0.42}$、$Ca3s^{2.14}3p^{6.00}3d^{0.49}$，Ca 原子和 C 原子为电子供体，主要是钙的 4s 轨道失去电子，定域在 Ca 原子的电子数为 8.63 e，失去了 1.37 e，钙原子所带电荷为 +1.37 e；碳的 2s 轨道失去电子，定域在 C 原子的电子数为 3.24 e，失去了 0.76 e，碳原子所带电荷为 +0.76 e。O 原子为电子受体，主要是氧的 2p 轨道得到电子，定域在 O 原子的电子数为 6.71 e，得到了 0.71 e，O 原子所带电荷为 −0.71e。

综合表 5-3 的数据分析可知：白钨矿、萤石和方解石中的钙原子均带正电，所带电荷大小顺序为方解石 > 白钨矿 > 萤石；白钨矿和方解石中的氧原子带负电，钨和碳原子带正电；萤石中的氟原子带负电。

键的 Milliken 布居值能体现出键的离子性和共价性的强弱，布居值越大表明键的共价性越强，越小则表明键的离子性越强。白钨矿、萤石和方解石键的 Milliken 布居值列于表 5-4 中，由表中数据分析可知：白钨矿中 O—W 键的布居值为 0.75，O—Ca 键的布居值为 0.10，说明 O—W 键的共价性大于 O—Ca 键，O—W 键的键长小于 O—Ca 键长。萤石 F—Ca 键的布居值为 0.32 大于 F—F 键的布居值 −0.10，说明 F—Ca 键的共价性大于 F—F 键，F—Ca 键长小于 F—F 键长。方解石 C—O 键的布居值为 0.84，O—Ca 键的布居值为 0.11，说明 C—O 键的共价性大于 O—Ca 键，C—O 键的键长为 1.29266Å，O—Ca 键的键长为 2.36877Å。

由表 5-4 中三种矿物键的 Mulliken 布居分析可以看出：白钨矿和方解石中的 O—Ca 键及萤石中的 F—F 键均呈现出较大的离子性，易产生离子键断裂；白钨矿中的 O—W 键和方解石中的 C—O 键主要以共价性为主，但由于处于基团结构中，在破碎磨矿过程中难以断裂，因此白钨矿和方解石在破碎过程中仍主要为离子键断裂；从键的布局值可以看出，白钨矿中 Ca—O 键和方解石中 Ca—O 键的布居相差很小，只有 0.04Å，从而它们表面键的断裂情况相似，白钨矿和方解石表面都有价键未饱和的钙离子，萤石表面的 F—F 键最容易断裂，但氟离子的水化自由能比表面钙离子的小，容易优先水化进入溶液，使得表面也产生价键不饱和钙离子，三种矿物表面特性非常相似，因而，在浮选过程中表现出相似的浮选性能。

表 5 - 4　白钨矿、萤石和方解石键的 Mulliken 布居分析
Tab. 5 - 4　Mulliken bond population analysis of scheelite, fluorite and calcite

矿物	键	布居值	键长(Å)
白钨矿	O—W	0.75	1.78925
	O—Ca	0.10	2.40965
萤　石	F—Ca	0.32	2.36528
	F—F	- 0.10	2.73120
方解石	C—O	0.84	1.29266
	O—Ca	0.11	2.36877

表 5 - 5 和表 5 - 6 分别列出了不同原子层数及不同真空层厚度对白钨矿表面能影响的结果。从表 5 - 5 可以看出，当真空层厚度为 10Å 时，表面含有 6 层原子时，表面能最小。从表 5 - 6 的结果可看出，表面含有 6 层原子时，真空层厚度为 12Å 的表面的表面能最低。因此，6 层原子及 12Å 的真空层厚度的表面结构能够给出较满意的收敛结果。白钨矿(111)表面单胞模型显示在图 5 - 7 中。

表 5 - 5　真空层厚度为 10Å 时，白钨矿不同原子层数的表面能
Tab. 5 - 5　Energy of surface containing different atomic layer of scheelite

原子层	6	12	18	24	30
表面能(J·m^{-2})	0.7323	0.7461	0.7621	0.7733	0.7620

表 5 - 6　含有 6 层原子时，真空层厚度对白钨矿表面能的影响
Tab. 5 - 6　Effect of vacumm layer thickness on scheelite surface energy

真空层厚度(Å)	5	7	10	12	15
表面能(J·m^{-2})	0.7245	0.7290	0.7323	0.7202	0.7263

表 5 - 8 和表 5 - 9 分别列出了不同原子层数及不同真空层厚度对萤石表面能影响的结果。从表 5 - 8 可以看出，当真空层厚度为 10Å 时，表面含有 3 层原子时，表面能最小。从表 5 - 9 的结果可看出，表面含有 3 层原子时，真空层厚度为 10Å 的表面的表面能最低。因此，3 层原子及 10Å 的真空层厚度的表面结构能够

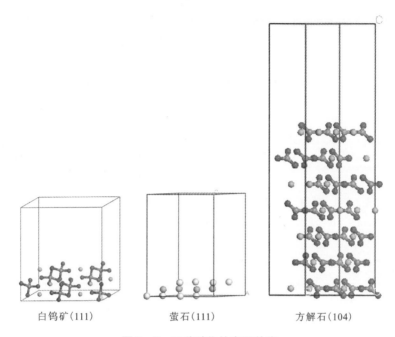

白钨矿(111)　　　　　　萤石(111)　　　　　　方解石(104)

图 5 − 7　三种矿物的表面单胞

Fig. 5 − 7　Surface unit cell of minerals

给出较满意的收敛结果。萤石(111)表面单胞模型显示在图 5 − 7 中。

表 5 − 8　真空层厚度为 10Å 时，萤石不同原子层数的表面能

Tab. 5 − 8　Energy of surface containing different atomic layer of fluorite

原子层	3	6	9	12	15
表面能($J \cdot m^{-2}$)	0.5517	2.6511	3.3412	3.7404	3.9162

表 5 − 9　表面含有 3 层原子时，真空层厚度对萤石表面能的影响

Tab. 5 − 9　Effect of vacumm layer thickness on fluorite surface energy

真空层厚度(Å)	5	7	10	12	15
表面能($J \cdot m^{-2}$)	1.4643	1.3358	0.5517	1.5018	1.5147

表 5 − 10 和表 5 − 11 分别列出了不同原子层数及不同真空层厚度对方解石表面能影响的结果。从表 5 − 10 可以看出，当真空层厚度为 10Å 时，表面含有 21 层原子时，表面能最小。从表 5 − 11 的结果可看出，表面含有 21 层原子时，真空层

厚度为 12Å 的表面能最低。因此，21 层原子及 12Å 的真空层厚度的表面结构能够给出较满意的收敛结果。方解石(104)表面单胞模型显示在图 5-7 中。

表 5-10 真空层厚度为 10Å 时，方解石不同原子层数的表面能

Tab. 5-10 Energy of surface containing different atomic layer of calcite

原子层	12	15	18	21	24
表面能($J \cdot m^{-2}$)	0.5159	0.4682	0.4576	0.4400	0.4413

表 5-11 表面含有 21 层原子时，真空层厚度对方解石表面能的影响

Tab. 5-11 Effect of vacumm layer thickness on calcite surface energy

真空层厚度(Å)	5	7	10	12	15
表面能($J \cdot m^{-2}$)	0.4520	0.4512	0.4400	0.4350	0.4469

5.2 水与矿物相互作用的量子化学理论研究

本节采用广义梯度密度泛函理论和周期平板模型方法模拟水分子在白钨矿(111)、萤石(111)和方解石(104)表面的吸附。所有计算由 Material Studio 软件中的 CASTEP 模块完成[180,181]。经 LDA - CA - PZ 方法优化得到 H_2O 分子的 H—O 键长为 0.97425Å，键角为 105.144°，与实验所得的 H—O 键长 0.98Å、键角 105.48°误差很小，说明采用该方法进行计算基本合理。

吸附能为吸附前后各物质中能量的变化，其大小可以表示吸附体系的稳定性[182]。药剂在矿物表面的吸附能根据下式计算：

$$E_{ads} = E_{(矿物 + 药剂)} - E_{矿物} - E_{药剂} \qquad (5-1)$$

式中：E_{ads} 表示吸附能，$E_{(矿物+药剂)}$ 表示吸附后体系的总能量，$E_{矿物}$ 表示矿物表面的能量，$E_{药剂}$ 表示药剂的能量。吸附能为负，代表吸附为放热反应，且其绝对值越大，说明药剂在表面的作用越强，吸附过程越容易发生。

5.2.1 水在理想白钨矿表面的吸附

由于水分子在矿物解理面上的吸附位置对量子化学计算的结果会产生很大的影响，因此考察了水分子在矿物表面吸附的几种形式。水分子在理想白钨矿(111)表面测试的位置包括水分子吸附在顶部氧位(WH1)、吸附在同一 WO_3 基团的两个氧原子上(WH2)及吸附在不同 WO_3 基团的两个氧原子上(WH3)，其吸附形式如图 5-8 所示。

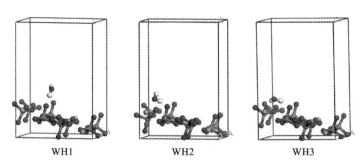

WH1　　　　　　　WH2　　　　　　　WH3

图 5 - 8　水分子在白钨矿(111)表面吸附后的模型

Fig. 5 - 8　Model of H₂O adsorbed on scheelite(111)

表 5 - 12　水分子在白钨矿(111)表面的吸附能

Tab. 5 - 12　The adsorption energy of H₂O adsorbing on scheeliite(111) surface

吸附方式	$E_{(surface+H_2O)}$ (eV)	$E_{surface}$ (eV)	E_{H_2O} (eV)	E_{ads} (eV)	E_{ads} (kJ/mol)
WH1	- 37978.42	- 37510.89	- 467.20	- 0.32	- 31.27
WH2	- 37980.43	- 37510.89	- 467.20	- 2.34	- 225.70
WH3	- 37979.35	- 37510.89	- 467.20	- 1.26	- 121.50

　　表 5 - 12 中水在白钨矿(111)表面上的吸附能计算结果表明：水分子吸附在白钨矿(111)面同一 WO₃ 基团的两个氧原子上(WH2)的吸附能小于其他两种吸附形式的吸附能,表明水分子在白钨矿表面主要以 WH2 的方式吸附,且吸附能达到 - 225.70 kJ/mol,说明水在白钨矿表面具有强烈的吸附作用。

　　图 5 - 9 和 5 - 10 分别为水在白钨矿表面上吸附前后白钨矿表面原子和水分子的态密度,能量零点设在费米能级处(E_f)。从图 5 - 9 水吸附前后白钨矿表面原子态密度的变化可以看出：白钨矿表面吸附水分子后,Ca3s、Ca3p、W5s 和 W5p 的态密度峰基本未发生变化;位于 5 ~ 10 eV 处的 Ca3d 和 W5d 态密度峰消失;价带顶部的 O2p 态密度峰变成了更尖更强的峰。

　　从图 5 - 10 水分子吸附前后水分子态密度的变化可以看出：水在白钨矿表面上吸附后 O2s 态密度峰强度变弱,且向低能量方向移动; - 15 ~ - 20 eV 间的 O2s 态密度峰分裂为了两个峰; - 15 ~ - 20 eV 间的 H1s 态密度峰分裂为了两个峰;0 ~ - 10 eV间的态密度峰向低能量方向移动;导带能级的 H1s 态密度峰基本消失。

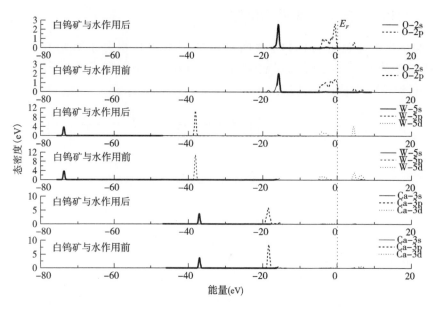

图 5 - 9 白钨矿吸附水分子前后表面原子的态密度

Fig. 5 - 9 The density of state of scheelite before and after the adsorption of H₂O

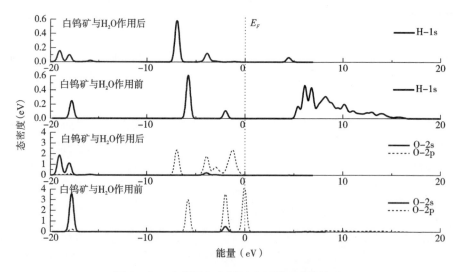

图 5 - 10 水分子与白钨矿作用前后的态密度

Fig. 5 - 10 The density of state of H₂O before and after the adsorption on scheelite

5.2.2　水在理想萤石表面的吸附

水分子在理想萤石(111)表面测试的位置包括水分子吸附在顶部氟位(FH1)、吸附在同一电子层的两个氟原子上(FH2)及吸附在不同电子层的两个氟原子上(FH3),其吸附形式如图 5 - 11 所示。

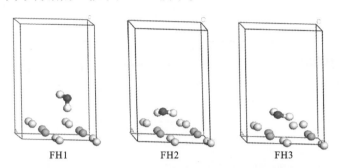

FH1　　　　　　　FH2　　　　　　　FH3

图 5 - 11　水分子在萤石(111)表面吸附后的模型

Fig. 5 - 11　Model of H_2O adsorbed on fluorite(111)

表 5 - 13　水分子在萤石(111)表面的吸附能

Tab. 5 - 13　The adsorption energy of H_2O adsorbing on fluorite(111) surface

吸附方式	$E_{(surface + H_2O)}(eV)$	$E_{surface}(eV)$	$E_{H_2O}(eV)$	$E_{ads}(eV)$	$E_{ads}(kJ/mol)$
FH1	-9777.70	-9310.34	-466.82	-0.55	-52.96
FH2	-9778.31	-9310.34	-466.82	-1.155	-111.41
FH3	-9778.32	-9310.34	-466.82	-1.162	-112.03

表 5 - 13 中水在萤石(111)表面上的吸附能计算结果表明:FH2 和 FH3 两种吸附形式的吸附能基本相同,分别为 - 111.41 kJ/mol 和 - 112.03 kJ/mol,说明水在萤石表面的吸附属于弱的化学吸附。

图 5 - 12 和 5 - 13 分别为水在萤石表面上吸附前后萤石表面原子和水分子的态密度,能量零点设在费米能级处(E_f)。从图 5 - 12 水吸附前后萤石表面原子态密度的变化可以看出:萤石表面吸附水分子后,价带部分的态密度峰基本未发生变化;10 eV 附近的三个 Ca3d 态密度峰合并为了一个峰,且向低能量方向移动;费米能级上的 F2p 态密度峰变弱。

从图 5 - 13 水分子吸附前后水分子态密度的变化可以看出:水在萤石表面吸附后 O2s 态密度峰强度变弱;吸附后 - 15 ~ - 20 eV 间的 O2s 和 H1s 态密度峰均分裂为了两个峰;导带能级的 H1s 态密度峰基本消失。

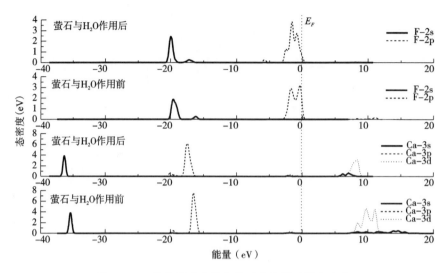

图 5 - 12　萤石吸附水分子前后表面原子的态密度

Fig. 5 - 12　The density of state of fluorite before and after the adsorption of H_2O

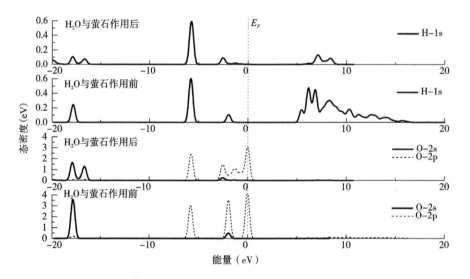

图 5 - 13　水分子与萤石作用前后的态密度

Fig. 5 - 13　The density of state of H_2O before and after the adsorption on fluorite

5.2.3　水在理想方解石表面的吸附

水分子在理想方解石(104)表面测试的位置包括水分子在理想方解石(104)表面测试的位置包括水分子吸附在顶部氧位(CH1)、吸附在同一 CO_3 基团的两个氧原子上(CH2)及吸附在不同 CO_3 基团的两个氧原子上(CH3),其吸附形式如图 5-14所示。

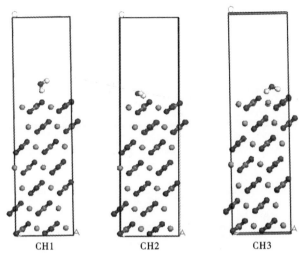

图 5-14　水分子在方解石(104)表面吸附后的模型

Fig. 5-14　Model of H_2O adsorbed on calcite(104)

表 5-14　水分子在方解石(104)表面的吸附能

Tab. 5-14　The adsorption energy of H_2O adsorbing on calcite(104) surface

吸附方式	$E_{(surface+H_2O)}$ (eV)	$E_{surface}$ (eV)	E_{H_2O} (eV)	E_{ads} (eV)	E_{ads} (kJ/mol)
CH1	-69608.01	-69140.48	-467.06	-0.47	-45.01
CH2	-69608.69	-69140.48	-467.06	-1.15	-110.52
CH3	-69608.24	-69140.48	-467.06	-0.70	-67.07

　　表 5-12 中水在方解石(104)表面上的吸附能计算结果表明:水分子吸附在方解石(104)面同一 CO_3 基团的两个氧原子上(CH2)的吸附能小于其他两种吸附形式的吸附能,为 -110.52 kJ/mol,说明水在方解石表面的吸附属于弱化学吸附。

　　图 5-15 和图 5-16 分别为水在方解石表面上吸附前后方解石表面原子和水分子的态密度,能量零点设在费米能级处(E_f)。从图 5-15 水吸附前后方解石表面原子态密度的变化可以看出:方解石表面吸附水分子后,价带部分的 Ca3s、Ca3p、C2s、C2p、O2s 和 O2p 的态密度峰基本未发生变化;导带部分的 Ca3d 和 C2p 基本消失。

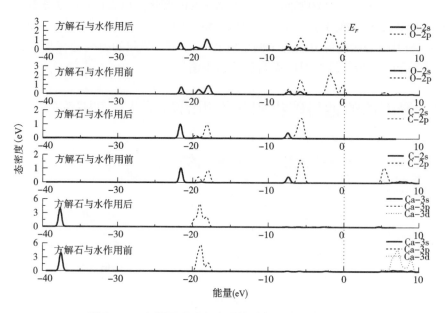

图5-15　方解石吸附水分子前后表面原子的态密度

Fig. 5-15　The density of state of calcite before and after the adsorption of H₂O

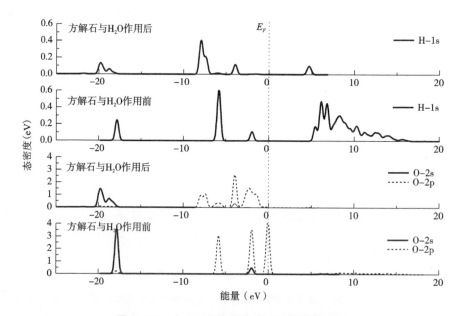

图5-16　水分子与方解石作用前后的态密度

Fig. 5-16　The density of state of H₂O before and after the adsorption on calcite

从图 5－16 水分子吸附前后水分子态密度的变化可以看出：水在方解石表面吸附后 O2s 态密度峰强度变弱，且向低能量方向移动；吸附后－15～－20 eV 间的 O2s 和 H1s 态密度峰分裂为了两个峰；0～－10 eV 间的 H1s 态密度峰向低能量方向移动；导带能级的 H1s 态密度峰基本消失。

5.3　聚丙烯酸钠与矿物相互作用的量子化学理论研究

5.3.1　聚丙烯酸钠在理想白钨矿表面的吸附

由于药剂在矿物解理面上的吸附位置将对量子化学计算的结果产生很大的影响，因此对聚丙烯酸钠分子在白钨矿表面不同吸附位置进行了模拟计算，以获得稳定的吸附构型。由于聚丙烯酸钠分子链太长在计算中难以收敛，因此选取它的部分官能团结构单元进行模拟，所选取的聚丙烯酸钠分子模型如图 5－17 所示。测试的位置包括聚丙烯酸钠分子吸附在不同电子层的钙原子上（WP1）及吸附在同一电子层的钙原子上（WP2）。聚丙烯酸钠在白钨矿上的吸附方式如图 5－18 所示，不同位置的吸附能见表 5－14。

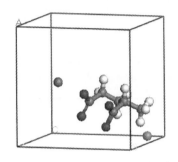

图 5－17　聚丙烯酸钠的分子模型
Fig. 5－17　Molecule model of PA－Na－2

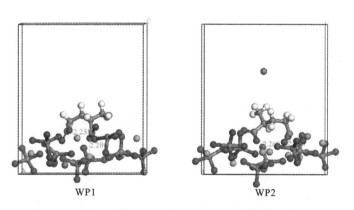

WP1　　　　　　WP2

图 5－18　聚丙烯酸钠在白钨矿(111)表面吸附后的模型
Fig. 5－18　Model of PA－Na－2 adsorbed on scheelite(111)

表 5 – 14   聚丙烯酸钠在白钨矿(111)表面的吸附能

Tab. 5 – 14   The adsorption energy of PA – Na adsorbing on scheelite(111) surface

吸附方式	$E_{(surface + PA - Na)}$ (eV)	$E_{surface}$ (eV)	$E_{PA - Na}$ (eV)	E_{ads} (eV)	E_{ads} (kJ/mol)
WP1	– 42915. 93	– 37510. 89	– 5401. 65	– 3. 39	– 327. 21
WP2	– 42916. 26	– 37510. 89	– 5401. 65	– 3. 76	– 359. 27

表 5 – 14 中聚丙烯酸钠在白钨矿表面上的吸附能计算结果表明：聚丙烯酸钠吸附在白钨矿(111)面同一电子层的钙原子上(WP2)的吸附能小于吸附在不同电子层的钙原子上(WP1)的吸附能，达到了 – 359. 27 kJ/mol，说明聚丙烯酸钠在白钨矿表面的吸附属于化学吸附。

图 5 – 19 和 5 – 20 分别为聚丙烯酸钠在白钨矿表面上吸附前后白钨矿表面原子和聚丙烯酸钠分子的态密度，能量零点设在费米能级处(E_f)。从图 5 – 19 聚丙烯酸钠吸附前后白钨矿表面原子态密度的变化可以看出：白钨矿表面吸附聚丙烯酸钠后，Ca3s、Ca3p、W5s 和 W5p 的态密度峰基本未发生变化；位于 5～10 eV 出的 Ca3d 和 W5d 态密度峰均消失了；费米能级附近的 O2p 态密度峰由吸附前的两个宽峰变成了几个弱小的峰和费米能级处的一个尖的强峰。

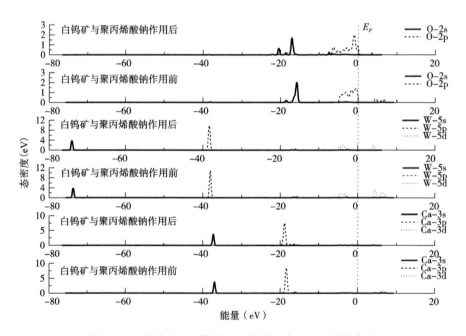

图 5 – 19   白钨矿吸附聚丙烯酸钠前后表面原子的态密度

Fig. 5 – 19   The density of state of scheelite before and after the adsorption of PA – Na

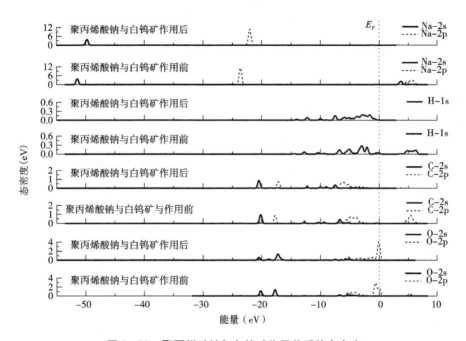

图 5 - 20　聚丙烯酸钠与白钨矿作用前后的态密度

Fig. 5 - 20　**The density of state of PA - Na before and after the adsorption on scheelite**

从图 5 - 20 聚丙烯酸钠吸附前后聚丙烯酸钠分子态密度的变化可以看出：聚丙烯酸钠在白钨矿表面上吸附后 O2s 态密度峰未发生变化，但费米能级附近的 O2p 态密度峰由吸附前的宽峰变成了处于费米能级上的一个尖的强峰，5 eV 附近的 O2p 态密度峰消失；聚丙烯酸钠中的 - 5 eV 附近的 C2p 态密度峰向低能量方向移动，5 eV 附近的 C2p 态密度峰消失；H1s 处于 0 ～ - 5 eV 之间的双峰在吸附后变成了一个宽峰，5 eV 附近的 H1s 态密度峰消失；处在低能量位置的 Na2s 和 Na2p 态密度峰向高能量方向移动，5 eV 附近的 Na2s 和 Na2p 态密度峰均消失。

5.3.2　聚丙烯酸钠在理想萤石表面的吸附

聚丙烯酸钠在理想萤石(111)表面测试的位置包括聚丙烯酸钠分子吸附在不同电子层的钙原子上(FP1)及吸附在同一电子层的钙原子上(FP2)。聚丙烯酸钠在萤石上的吸附方式如图 5 - 21 所示，不同位置的吸附能见表 5 - 15。

表 5 - 15 中聚丙烯酸钠在萤石表面上的吸附能计算结果表明：聚丙烯酸钠吸附在萤石(111)面同一电子层的钙原子上(FP2)的吸附能小于吸附在不同电子层的钙原子上(FP1)的吸附能，达到了 - 405.32 kJ/mol，说明聚丙烯酸钠在萤石表面的吸附属于化学吸附。

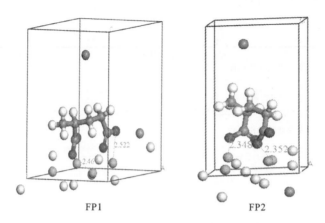

FP1   FP2

图 5 – 21 聚丙烯酸钠在萤石(111)表面吸附后的模型

Fig. 5 – 21   Model of PA – Na – 2 adsorbed on fluorite(111)

表 5 – 15   聚丙烯酸钠在萤石(111)表面的吸附能

Tab. 5 – 15   The adsorption energy of PA – Na adsorbing on fluorite(111) surface

吸附方式	$E_{(surface + PA - Na)}$ (eV)	$E_{surface}$ (eV)	$E_{PA - Na}$ (eV)	E_{ads} (eV)	E_{ads} (kJ/mol)
FP1	– 14714. 07	– 9310. 34	– 5399. 82	– 3. 91	– 376. 62
FP2	– 14714. 37	– 9310. 34	– 5399. 82	– 4. 20	– 405. 32

图 5 – 22 和图 5 – 23 分别为聚丙烯酸钠在萤石表面上吸附前后萤石表面原子和聚丙烯酸钠分子的态密度。从图 5 – 22 聚丙烯酸钠吸附前后萤石表面原子态密度的变化可以看出：萤石表面吸附聚丙烯酸钠后，萤石中 Ca3s、Ca3p 的态密度峰的强度未发生变化，但均向低能量方向移动，Ca3d 的态密度峰由吸附前的三个峰合成为了一个峰，且向低能量方向发生了移动；F2s 的态密度峰的强度未发生变化，但向低能量方向发生了移动，费米能级附近的 F2p 态密度峰由吸附前的两个峰合成为了一个峰。

从图 5 – 23 聚丙烯酸钠吸附前后聚丙烯酸钠分子态密度的变化可以看出：聚丙烯酸钠在萤石表面上吸附后 O2s 态密度峰未发生变化，但费米能级附近的 O2p 态密度峰由吸附前处于费米能级上的峰变强了；聚丙烯酸钠中价带顶部的 C2p 态密度峰减弱和 – 5 eV 附近的 C2p 态密度峰增强；H1s 处于 0 ~ – 5 eV 之间的双峰在吸附后合成为了一个峰，5 eV 附近的 H1s 态密度峰向高能级方向发生了移动；处在低能量位置的 Na2s 和 Na2p 态密度峰向高能量方向移动，5 eV 附近的 Na2s 和 Na2p 态密度峰基本消失。

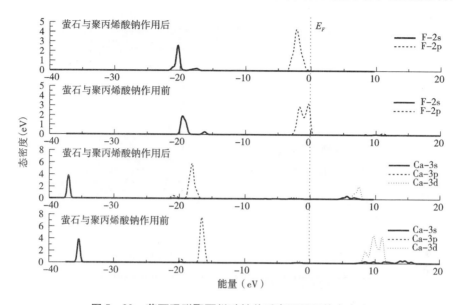

图 5 – 22　萤石吸附聚丙烯酸钠前后表面原子的态密度

Fig. 5 – 22　The density of state of fluorite before and after the adsorption of PA – Na

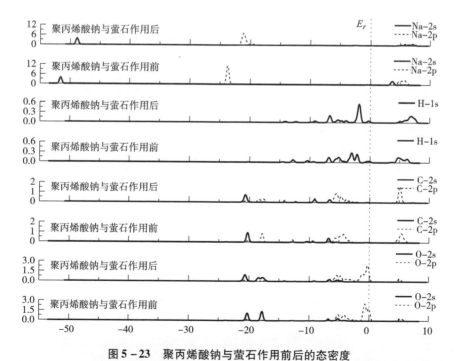

图 5 – 23　聚丙烯酸钠与萤石作用前后的态密度

Fig. 5 – 23　The density of state of PA – Na before and after the adsorption on fluorite

5.3.3 聚丙烯酸钠在理想方解石表面的吸附

聚丙烯酸钠在理想方解石(104)表面测试的位置包括聚丙烯酸钠分子吸附在同一 x 轴的钙原子上(CP1)及吸附在同一 y 轴的钙原子上(CP2)。聚丙烯酸钠在萤石上的吸附方式如图 5 - 24 所示,不同位置的吸附能见表 5 - 16。

表 5 - 16　聚丙烯酸钠在方解石(104)表面的吸附能

Tab. 5 - 16　The adsorption energy of PA - Na adsorbing on calcite(104) surface

吸附方式	$E_{(\text{surface}+\text{PA}-\text{Na})}$(eV)	E_{surface}(eV)	$E_{\text{PA}-\text{Na}}$(eV)	E_{ads}(eV)	E_{ads}(kJ/mol)
CP1	- 74544. 88	- 69140. 48	- 5401. 40	- 3. 00	- 289. 06
CP2	- 74543. 77	- 69140. 48	- 5401. 40	- 1. 88	- 181. 17

表 5 - 16 中聚丙烯酸钠在方解石表面上的吸附能计算结果表明:聚丙烯酸钠吸附在方解石(104)面同 x 轴的钙原子上(CP1)的吸附能小于吸附在同一 z 轴的钙原子上(CP2)的吸附能,达到了 - 289. 06 kJ/mol,说明聚丙烯酸钠在方解石表面的吸附属于化学吸附。

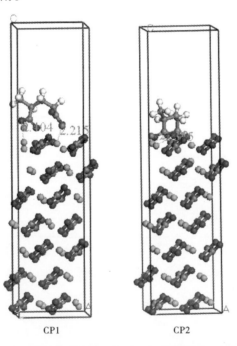

图 5 - 24　聚丙烯酸钠在方解石(104)表面吸附后的模型

Fig. 5 - 24　Model of PA - Na - 2 adsorbed on fluorite(111)

　　图 5 – 25 和图 5 – 26 分别为聚丙烯酸钠在方解石表面上吸附前后方解石表面原子和聚丙烯酸钠分子的态密度，能量零点设在费米能级处（E_f）。从图 5 – 25 聚丙烯酸钠吸附前后方解石表面原子态密度的变化可以看出：方解石表面吸附聚丙烯酸钠后，方解石中 Ca3s、C2s 和 O2s 的态密度峰的基本未发生变化；Ca3p 的态密度峰由吸附前的两个峰合成为了一个峰，Ca3p 的态密度峰消失；导带部分的 C2p 和 O2p 态密度峰消失。

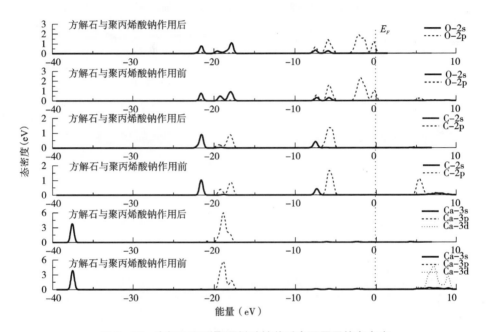

图 5 – 25　方解石吸附聚丙烯酸钠前后表面原子的态密度
Fig. 5 – 25　The density of state of calcite before and after the adsorption of PA – Na

　　从图 5 – 26 聚丙烯酸钠吸附前后聚丙烯酸钠分子态密度的变化可以看出：聚丙烯酸钠在方解石表面上吸附后费米能级附近的 O2p 态密度峰由吸附前处于费米能级上的峰变强了；聚丙烯酸钠中价带顶部的 C2p 态密度峰增强；H1s 处于 5 eV附近的态密度峰减弱；处在低能量位置的 Na2s 和 Na2p 态密度峰向高能量方向移动，5 eV 附近的 Na2s 和 Na2p 态密度峰基本消失。

　　经对水分子和聚丙烯酸钠分子在理想矿物表面吸附的模拟计算得出，各种吸附方式中最小吸附能如表 5 – 17 所示。

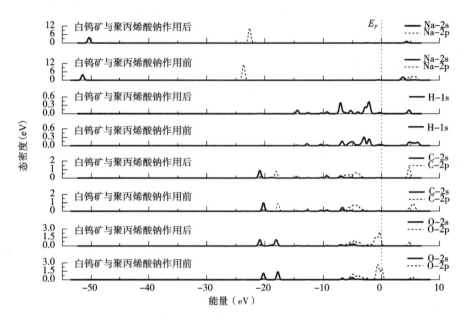

图 5 – 26 聚丙烯酸钠与方解石作用前后的态密度

Fig. 5 – 26   The density of state of PA – Na before and after the adsorption on calcite

表 5 – 17   聚丙烯酸钠在水体系中在矿物表面的吸附能(eV)

Fig. 5 – 17   The adsorption energy of PA – Na adsorbing on fluorite(111) surface in H_2O(eV)

吸附方式	E_b	吸附方式	E_a	E_{ads}
白钨矿 + 水	– 225.70	白钨矿 + 聚丙烯酸钠	– 359.27	– 133.57
萤　石 + 水	– 112.03	萤　石 + 聚丙烯酸钠	– 405.32	– 293.29
方解石 + 水	– 110.52	方解石 + 聚丙烯酸钠	– 289.06	– 178.54

由于聚丙烯酸钠与三种矿物是在水体系中发生吸附,吸附前必然要排挤开矿物表面已经吸附的水化膜,因此聚丙烯酸钠在水溶液中与三种矿物表面吸附能力大小可以定义为:

$$E_{ads} = E_a - E_b \tag{5 – 2}$$

式中: E_a 表示聚丙烯酸钠在矿物表面的吸附能, E_b 表示水分子在矿物表面的吸附能,则 E_{ads} 为负说明聚丙烯酸钠可以克服水分子在矿物表面吸附的阻力, E_{ads} 为正则表明聚丙烯酸钠难以克服水分子在矿物表面吸附的阻力, E_{ads} 越小聚丙烯酸钠在矿物表面的吸附越容易发生。

根据式(5 – 2)进行吸附能的计算,结果见表 5 – 17。从计算结果看出三种矿物在水体系中与聚丙烯酸钠发生反应的吸附能均为负值,其绝对值大小顺序为萤石 > 方解石 > 白钨矿。

5.4 本章小结

本章通过量子化学计算研究了理想白钨矿、萤石和方解石的电子结构及水分子和聚丙烯酸钠分子在理想矿物表面的吸附情况,研究结果如下:

①经对理想矿物电子结构的模拟优化可知,采用函数 LDA – CA – PZ 计算出的晶格常数与实验值的误差最小,其截断能分别为白钨矿 277 eV、萤石 270 eV、方解石 275 eV,三种矿物的 Ca 原子的态密度组成很相似,这也证实了三种矿物比较难于分离。对于白钨矿的(111)面,当原子层为 6 及真空层厚度为 12Å 时,其表面能最小;对于萤石的(111)面,当原子层为 3 及真空层厚度为 10Å 时,其表面能最小;对于方解石的(104)面,当原子层为 21 及真空层厚度为 12Å 时,其表面能最小。

②水分子和聚丙烯酸钠在三种矿物表面的吸附能均为负值,说明水分子和聚丙烯酸钠在三种矿物表面都有不同强度的吸附。吸附能越小,吸附越容易发生,水分子在三种矿物表面的吸附能绝对值的大小顺序为白钨矿 > 萤石 > 方解石;聚丙烯酸钠在三种矿物表面的吸附能绝对值的大小顺序为萤石 > 白钨矿 > 方解石。

③在水体系中,聚丙烯酸钠对三种矿物吸附能绝对值的大小顺序为萤石 > 方解石 > 白钨矿,聚丙烯酸钠在三种矿物表面的吸附使它们受到抑制作用,因此聚丙烯酸钠对三种矿物抑制能力顺序为萤石 > 方解石 > 白钨矿,这与浮选试验的结果相一致。

第6章 白钨矿常温浮选实践

根据硅酸钠和聚丙烯酸钠在白钨矿、萤石和方解石的单矿物浮选抑制效果可以看出：硅酸钠和聚丙烯酸钠对萤石和方解石均有很强的抑制作用，而在一定的药剂用量范围内对白钨矿的浮选效果影响很小。混合矿浮选试验也表明硅酸钠和聚丙烯酸钠对萤石和方解石有一定的浮选抑制作用。将硅酸钠和聚丙烯酸钠作为抑制剂应用于江西某白钨选矿厂预先脱硫后的产品（含 WO₃ 0.55%）的常温浮选中，进一步考察硅酸钠和聚丙烯酸钠的选择性抑制能力。

6.1 硅酸钠在白钨矿常温浮选中的应用实践

主要考查碳酸钠及硅酸钠用量对白钨矿粗选分离效果的影响，试验流程和药剂制度如图 6-1 所示，试验结果分别如表 6-1、表 6-2 所示。

从表 6-1 中可以看出，在硅酸钠用量 1500 g/t 基础上，随着碳酸钠用量增加，粗精矿中白钨矿的回收率明显升高，从 1500 g/t 时的 70.87% 提高到 2500 g/t 时的 88.19%。当碳酸钠用量继续增加时，白钨矿回收率增加不明显，但品位有所下降。综合考虑品位和回收率，碳酸钠用量以 2500 g/t 为宜。

表 6-2 中硅酸钠的用量实验结果表明，在碳酸钠用量为 2500 g/t 基础上，随着硅酸钠用量增加，粗精矿中 WO₃ 逐渐

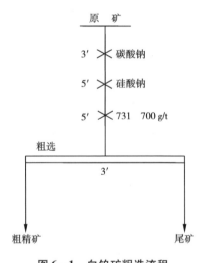

图 6-1 白钨矿粗选流程

Fig. 6-1 Flow sheet of sodium carbonate dosage experiments

增加，从 1.43% 提高到 3.13%，但回收率先增加后降低。因此，综合考虑粗精矿中 WO₃ 的品位和回收率，粗选硅酸钠用量以 2000 g/t 为宜，此时的浮选粗精矿指标为含 WO₃ 2.94%、回收率 86.68%。

表 6 – 1　碳酸钠用量试验结果

Tab. 6 – 1　Flotation test index with different dosage Na_2CO_3

碳酸钠用量(g/t)	产品	产率(%)	WO$_3$(%)	回收率(%)
1500	粗精矿	18.2	2.19	70.87
	尾矿	81.8	0.20	29.13
	原矿	100	0.56	100.00
2000	粗精矿	20.18	2.06	77.64
	尾矿	79.82	0.15	22.36
	原矿	100	0.54	100.00
2500	粗精矿	22.87	2.27	88.19
	尾矿	77.13	0.09	11.81
	原矿	100	0.59	100.00
3000	粗精矿	24.65	1.90	84.96
	尾矿	75.35	0.11	15.04
	原矿	100	0.55	100.00

表 6 – 2　硅酸钠用量试验结果

Tab. 6 – 2　Flotation test index with different dosage Na_2SiO_3

硅酸钠用量(g/t)	产品	产率(%)	WO$_3$(%)	回收率(%)
1000	粗精矿	31.45	1.43	85.67
	尾矿	68.55	0.11	14.33
	原矿	100	0.53	100.00
1500	粗精矿	22.87	2.27	88.19
	尾矿	77.13	0.09	11.81
	原矿	100	0.59	100.00
2000	粗精矿	18.12	2.94	86.68
	尾矿	81.88	0.1	13.32
	原矿	100	0.61	100.00
2500	粗精矿	9.76	3.13	57.55
	尾矿	90.24	0.25	42.45
	原矿	100	0.53	100.00

　　在确定了粗选药剂制度的基础上，进行了白钨矿的常温浮选开路试验，具体试验流程和药剂制度见图 6 - 2，试验指标见表 6 - 3。

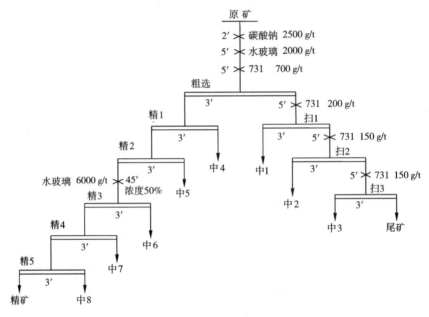

图 6 - 2　开路试验流程

Fig. 6 - 2　Flow sheet of open circuit

表 6 - 3　开路试验结果

Tab. 6 - 3　Results of open circuit

产品	产率(%)	WO₃(%)	回收率(%)
精矿	0.66	57.93	62.00
中 8	1.02	7.41	12.34
中 7	1.38	1.98	4.46
中 6	11.03	0.35	6.21
中 5	1.17	0.60	1.14
中 4	3.57	0.33	1.93
中 1	4.81	0.64	5.03
中 2	2.23	0.44	1.61
中 3	2.02	0.35	1.15
尾矿	72.11	0.04	4.13
原矿	100.00	0.61	100.00

从表 6-3 中的试验结果可知，以碳酸钠作调整剂和 731 作捕收剂，硅酸钠作抑制剂可以实现白钨矿和萤石、方解石的有效分离，一粗五精三扫的开路试验，得到的浮选精矿指标为含 WO_3 57.93%、回收率 62%，尾矿含 WO_3 仅为 0.04%、回收率为 4.13%。

6.2 聚丙烯酸钠(PA-Na-2)在白钨矿常温浮选中的应用实践

主要考察了调整剂聚丙烯酸钠、碳酸钠、硝酸铅及捕收剂 731 的用量对江西某白钨选矿厂预先脱硫后的产品浮选指标的影响，试验条件及流程如图 6-3 所示，试验结果分别见表 6-4、表 6-5、表 6-6 和表 6-7 所示。

从表 6-4 聚丙烯酸钠用量试验的结果可以看出，在碳酸钠用量 2500 g/t、硝酸铅 200 g/t 及 731 用量为 500 g/t 的基础上，随着聚丙烯酸钠用量

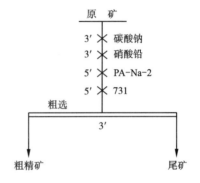

图 6-3 粗选试验流程
Fig. 6-3 Flow sheet of roughing

增加，粗精矿中 WO_3 的品位先增加后降低，而 WO_3 的回收率由 73.77% 降低至 5.33%；当聚丙烯酸钠用量为 25 g/t 时，粗精矿中 WO_3 的品位为 1.90%，回收率为 70.83%，此时的条件相对较优，因此选用 25 g/t 为后续试验粗选时聚丙烯酸钠的用量。

表 6-5 碳酸钠的用量试验结果表明，当聚丙烯酸钠用量 2.5 g/t、硝酸铅 200 g/t 及 731 用量为 500 g/t 时，随着碳酸钠用量增加，粗精矿中 WO_3 的回收率逐渐降低，由 84.57% 降低至 60.09%；WO_3 的品位逐渐增加，由 1.42% 增加至 2.04%。碳酸钠用量以 2000 g/t 时，粗精矿中 WO_3 的品位为 1.63%，回收率为 78.00%；碳酸钠用量以 2500 g/t 时，粗精矿中 WO_3 的品位为 1.90%，回收率为 70.83%，但粗精矿的产率相对降低了 6.02%，在捕收剂 731 用量试验时将进一步对碳酸钠进行考察。

表 6 - 4　聚丙烯酸钠用量试验结果

Tab. 6 - 4　Flotation test index with different dosage PA - Na - 2

聚丙烯酸钠用量(g/t)	产品	产率(%)	WO_3(%)	回收率(%)
20	粗精矿	26.04	1.55	73.77
	尾矿	73.96	0.19	26.23
	原矿	100.00	0.55	100.00
25	粗精矿	20.39	1.90	70.83
	尾矿	79.61	0.20	29.17
	原矿	100.00	0.55	100.00
30	粗精矿	14.35	1.71	44.00
	尾矿	85.65	0.37	56.00
	原矿	100.00	0.56	100.00
37.5	粗精矿	3.53	0.94	5.33
	尾矿	96.47	0.61	94.67
	原矿	100.00	0.62	100.00

表 6 - 5　碳酸钠用量试验结果

Tab. 6 - 5　Flotation test index with different dosage Na_2CO_3

碳酸钠用量(g/t)	产品	产率(%)	WO_3(%)	回收率(%)
1500	粗精矿	34.66	1.42	84.57
	尾矿	65.34	0.14	15.43
	原矿	100.00	0.58	100.00
2000	粗精矿	26.41	1.63	78.00
	尾矿	73.59	0.17	22.00
	原矿	100.00	0.55	100.00
2500	粗精矿	20.39	1.90	70.83
	尾矿	79.61	0.20	29.17
	原矿	100.00	0.55	100.00
3000	粗精矿	14.93	2.04	60.09
	尾矿	85.07	0.24	39.91
	原矿	100.00	0.51	100.00

表 6 - 6　硝酸铅用量试验结果

Tab. 6 - 6　Flotation test index with different dosage Pb(NO₃)₂

硝酸铅用量(g/t)	产品	产率(%)	WO₃(%)	回收率(%)
0	粗精矿	20.20	1.76	69.47
	尾矿	79.80	0.20	30.53
	原矿	100.00	0.51	100.00
100	粗精矿	19.63	1.82	68.57
	尾矿	80.37	0.20	31.43
	原矿	100.00	0.52	100.00
200	粗精矿	20.39	1.90	70.83
	尾矿	79.61	0.20	29.17
	原矿	100.00	0.55	100.00
300	粗精矿	22.40	1.69	70.49
	尾矿	77.60	0.20	29.51
	原矿	100.00	0.54	100.00
400	粗精矿	22.70	1.64	70.62
	尾矿	77.30	0.20	29.38
	原矿	100.00	0.53	100.00

硝酸铅用量试验结果如表 6 - 6 所示，试验结果表明，硝酸铅对白钨矿的浮选有一定的活化作用，当聚丙烯酸钠用量 25 g/t、碳酸钠 2500 g/t 及 731 用量为 500 g/t 时，随着硝酸铅用量增加，粗精矿中 WO₃ 的品位先增加后降低，而 WO₃ 的回收率基本保持在 70% 左右。综合考虑粗精矿的品位和回收率，硝酸铅用量以 200 g/t 为宜，此时的粗精矿中 WO₃ 的品位为 1.90%，WO₃ 的回收率为 70.83%。

表 6 - 7 中 731 的用量试验结果表明，当碳酸钠用量为 2500 g/t、聚丙烯酸钠用量为 25 g/t、硝酸铅为 200 g/t 时，随着 731 用量增加，粗精矿中 WO₃ 的品位逐渐降低，由 1.90% 降低至 1.50%，但 WO₃ 的回收率由 70.83% 增加至 88.52%。当碳酸钠用量为 2000 g/t、聚丙烯酸钠用量为 25 g/t、硝酸铅为 200 g/t 时，731 用量由 500 g/t 增加至 600 g/t 时，粗精矿中 WO₃ 的品位由 1.63% 降低至 1.44%，WO₃ 的回收率由 78.00% 增加至 85.18%，且粗精矿的产率显著增加。综合考虑粗精矿的品位、回收率及产率，当碳酸钠为 2500 g/t、731 用量为 700 g/t 时的粗选指标最优，此时粗精矿中 WO₃ 的品位为 1.81%，回收率为 86.17%。

表 6 - 7　731 用量试验结果

Tab. 6 - 7　Flotation test index with different dosage 731

731 用量(g/t)	碳酸钠(g/t)	产品	产率(%)	WO₃(%)	回收率(%)
500	2500	粗精矿	20.39	1.90	70.83
		尾矿	79.61	0.20	29.17
		原矿	100.00	0.55	100.00
600	2500	粗精矿	24.64	1.84	79.02
		尾矿	75.36	0.16	20.98
		原矿	100.00	0.57	100.00
700	2500	粗精矿	28.63	1.81	86.17
		尾矿	71.37	0.12	13.83
		原矿	100.00	0.60	100.00
800	2500	粗精矿	34.89	1.50	88.52
		尾矿	65.11	0.10	11.48
		原矿	100.00	0.59	100.00
500	2000	粗精矿	26.41	1.63	78.00
		尾矿	73.59	0.17	22.00
		原矿	100.00	0.55	100.00
600	2000	粗精矿	33.33	1.44	85.18
		尾矿	66.67	0.13	14.82
		原矿	100.00	0.56	100.00

　　根据以上的粗选条件试验流程确定了粗选时各种药剂的最佳用量，分别为：碳酸钠 2500 g/t、硝酸铅 200 g/t、聚丙烯酸钠 25 g/t 及 700 g/t 的捕收剂 731。在粗选条件试验的基础上进行了全流程开路试验，试验条件及流程如图 6 - 4 所示，试验结果见表 6 - 8 所示。

　　从表 6 - 8 全开路的试验结果可知，经过一粗六精(二次精选后精矿浓缩至 50% 添加 6000 g/t 硅酸钠强搅拌 45 min)三扫的开路试验，得到的浮选精矿含 WO₃ 53.06%，回收率 52.75%，尾矿含 WO₃ 0.04%、回收率为 3.48%。

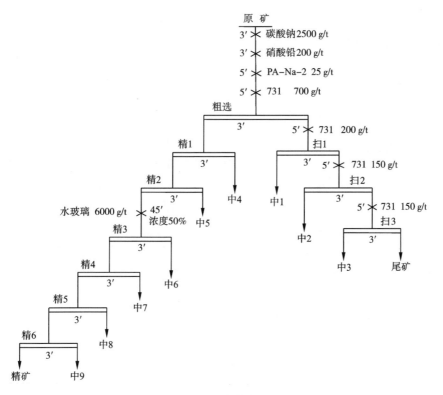

图 6 - 4　开路试验流程

Fig. 6 - 4　Flow sheet of open circuit

表 6 - 8　开路试验结果

Tab. 6 - 8　Results of open circuit

产品	产率(%)	WO₃(%)	回收率(%)
精矿	0.63	53.06	52.75
中9	0.71	8.57	9.70
中8	1.06	2.91	4.87
中7	1.31	1.02	2.12
中6	13.40	0.64	13.54
中5	4.60	0.36	2.63
中4	7.62	0.24	2.95
中1	7.51	0.49	5.83
中2	3.38	0.26	1.38
中3	2.42	0.19	0.75
尾矿	57.36	0.04	3.48
原矿	100.00	0.63	100.00

6.3 本章小结

①在粗选段使用聚丙烯酸钠或硅酸钠，得到的粗精矿中 WO_3 的回收率均在 86% 左右，使用聚丙烯酸钠时的粗精矿品位较使用硅酸钠时的低，而产率相对要高。但在相同回收率时，聚丙烯酸钠的用量仅为 25 g/t，而硅酸钠的用量达到了 2000 g/t，因此，在药剂用量方面，粗选选用聚丙烯酸钠略有优势。

②粗选使用硅酸钠时，采用一粗五精三扫的开路流程，两次空白精选后的精矿浓缩至 50%，添加 6000 g/t 硅酸钠强搅拌 45 min，获得精矿含 WO_3 57.93%、WO_3 回收率 62%。尾矿含 WO_3 仅为 0.04%、WO_3 回收率为 4.13%。

③粗选使用聚丙烯酸钠时，采用一粗六精（二次空白精选后精矿浓缩至 50% 添加 6000 g/t 硅酸钠强搅拌 45 min）三扫开路流程，所获得的精矿为含 WO_3 53.06%，WO_3 的回收率 52.75%；尾矿含 WO_3 0.04%、WO_3 的回收率为 3.48%。

④粗选使用聚丙烯酸钠时，粗选回收率与使用硅酸钠时基本相同，但其产率更高，而使用聚丙烯酸钠和硅酸钠时的尾矿指标也基本相同，说明粗选使用聚丙烯酸钠时，中矿中所含的 WO_3 含量相对较大，聚丙烯酸钠的选择性比硅酸钠相对要差一些，但也能实现白钨矿实际矿石的浮选分离。

参考文献

［1］蔡改贫，吴叶彬，陈少平．世界钨矿资源浅析［J］．世界有色金属，2009(4)：62－65.

［2］戚开静，王斌，郑勇军，等．近10年中国钨矿资源开发利用国际比较及建议［J］．资源与产业，2009，11(3)：59－62.

［3］孔昭庆．中国钨矿业资源现状与可持续发展［J］．中国矿业，2001，10(1)：29－31.

［4］殷俐娟．我国钨资源现状与政策效应［J］．中国矿业，2009，18(11)：1－3.

［5］张逸静．中国钨产业分析与储备机制研究［D］．北京：北京化工大学，2005：8－25.

［6］李俊萌．中国钨矿资源浅析［J］．中国钨业，2009，24(6)：9－13.

［7］杨易琳．中国钨业发展战略［J］．中国有色金属，2009，(13)：56－57.

［8］杨祖念．电化学技术制备白钨矿晶态薄膜的生长动力学研究［D］．成都：四川大学，2006：15－17.

［9］王步国，施尔畏，仲维卓，等．钨酸盐晶体中负离子配位多面体的结晶方位与晶体的形貌［J］．无机材料学报，1998，13(5)：648－653.

［10］张明荣，李倍俊，胡关钦，等．白钨矿结构的钨、钼酸盐晶体的光吸收边及其起因［J］．光学学报，1998，l8(11)：1591－1595.

［11］Llaby A, Llaby M. A D ictionary of Earth Science［J］. Ox ford: Oxford University Press , 1999.

［12］王璞，潘兆橹，翁玲宝．系统矿物学(下册)［M］．北京：地质出版社，1987.

［13］高志勇，孙伟，刘晓文，等．白钨矿和方解石晶面的断裂键差异及其对矿物解离性质和表面性质的影响［J］．矿物学报，2010，30(4)：470－475.

［14］Gratz A J, Hillner P E, Hansmaet P K, et al. Step dynamics and spiral growth on calcite［J］. Geochimica et Cosmochimica Acta, 1993, 57(2): 491－495.

［15］Cooper T G, Leeuw N H. A combined adinitio and atomistic simulation study of the surface and interfacial structures and energies of hydrated scheelite: Introducing a $CaWO_4$ potentialmodel ［J］. Surface Science, 2003, 531: 159－176.

［16］Leeuw N H, Parker S C. Atomistic simulation of the effect of molecular adsorption of water on the surface structure and energies of calcite surfaces［J］. J Chem Soc, Faraday Trans, 1997, 93 (3): 467－475.

［17］Tttlloye J O, Leeuw N H, Parker S C. Atomistic simulation of the difference between calcite and dolomite surfaces［J］. Geochimicaet Cosmochimica Ac ta, 1998, 62(15): 2637－2641.

［18］Ronald P C, Neil C S. The calcite cleavage surface in water: Early results of a crystal truncation rod study［J］. Geochimica et Cosmochimica Acta, 1995, 59(21): 4557－4561.

［19］胡为柏．浮选［M］．北京：冶金工业出版社，1983：9－43.

［20］Mogilevsky P, Parthasarathy T A, Petry M D. Anisotropy in room temperature microhardness and fracture of CaWO$_4$ scheelite[J]. Acta Materialia, 2004, (52): 5529 – 5537.

[21] Somasundaran. P 等. 浮选溶液化学[J]. 国外金属矿选矿, 1990(11): 1 – 8.

[22] 高玉德, 邱显扬, 冯其明. 苯甲羟肟酸捕收白钨矿浮选溶液化学研究[J]. 有色金属(选矿部分), 2003(4): 28 – 31.

[23] 王淀佐, 胡岳华. 浮选溶液化学[M]. 长沙: 湖南科学技术出版社, 1988: 209 – 215.

[24] 王淀佐, 邱冠周, 胡岳华. 资源加工学[M]. 北京: 科学出版社, 2005: 211.

[25] 石伟, 黄国智. 萤石和方解石的溶解特性及浮选分离研究[J]. 非金属矿, 2000, 23 (4): 11 – 12.

[26] 张治元, 王博, 傅景海. 矿物表面的相互转化对盐类矿物共存体系浮选的影响[J]. 金属矿山, 1995(4): 38 – 41.

[27] Miller J D. In "Principles of Mineral Flotation", The Wark Symposium, ed. By M. H. Jones and J. T[J]. Woodcock, 1984: 31 – 42.

[28] Nordstrom D K, Plummcr L N, Langmuir E, et al. Revised chemical equilibrium data for major water-mineral reactions and their liminations. Chemical Modeling of Aqueous System II [J]. Ameriean Chemical Soeiety Symposium Series, 1990: 398 – 413.

[29] 张治元, 王博. 共存体系中矿物表面的相互转化[J]. 西部探矿工程, 1994, 6(6): 9 – 11.

[30] 张治元, 王博. 盐类矿物浮选中矿物的溶解与转化[J]. 江西有色金属, 1997, 11(3): 20 – 23.

[31] 胡岳华. 溶液化学计算及图形解法与盐类矿物浮选行为研究[D]. 长沙: 中南工业大学, 1989: 52 – 58.

[32] Tungsten. Proceding of the First International Tungsten Symposium Stockholm[M]. 1979.

[33] 王豫新, 崔国际. 钨(上册) [M]. 江西有色冶金研究所, 1979: 7.

[34] 毕承思. 中国矽卡岩型白钨矿矿床成矿基本地质特征[J]. 中国地质科学院院报, 1987 (17): 49 – 64.

[35] 谭筱虹, 李志均, 杜再飞. 滇东南南温河地区深变质岩中似层状白钨矿[J]. 云南地质, 2010, 29(4): 382 – 387.

[36] 孙延绵. 论我国白钨矿资源现状及其开发利用[C]. 中国有色金属学会第五届学术年会论文集, 矿业研究与开发, 2003(08): 69 – 72.

[37] 杨晓峰, 刘全军. 我国白钨矿的资源分布及选矿的现状和进展[J]. 矿业快报, 2008, 24 (4): 6 – 9.

[38] 谢光, 吴威孙, 刘广泌. 选矿手册(第八卷第二册) [M]. 北京: 冶金工业出版社, 1990: 23 – 36.

[39] 安占涛, 罗小娟. 钨选矿工艺及其进展[J]. 矿业工程, 2005, 5(3): 29 – 30.

[40] 张忠汉, 张先华, 叶志平. 难选白钨矿重 – 浮选矿新工艺的研究[J]. 广东有色金属学报, 2001, 11(2): 79 – 83.

[41] 孙伟, 胡岳华, 覃文庆, 等. 钨矿回收工艺研究进展[J]. 矿产保护与利用, 2000(1): 43 – 46.

[42] 林海清. 近20年来我国钨选矿技术的进展[J]. 中国钨业, 2001, 16(5/6): 72 – 73.

[43] 魏庆玉.白钨的化学选矿[J].中国钨业,2000,15(4):27.

[44] 李豫学,邓芳超.国外钨选矿厂[J].中国选矿科技情报网,1984(4).

[45] 陈立新.近年钨的发展动向[J].江西有色冶金研究所情报室,1981(8).

[46] 周怒安.国外钨选厂[J].长沙有色设计研究院,1981(4).

[47] 冯其明.柿竹园多金属矿资源综合利用研究报告[R].长沙:中南工业大学,1993:12.

[48] Barry A Wills, Tim Napier Munn. Mineral Processing Technology [M]. Elsevier Science&Technology Books,2006:223.

[49] 胡岳华,冯其明.矿物资源加工技术与设备[M].北京:科学出版社,2006:79-134.

[50] 张忠汉,张先华,周晓彤.难选白钨矿石选矿新工艺流程研究[J].矿冶,2002,11(B07):181-184.

[51] 张忠汉,张先华,林日孝,等.难选白钨矿选矿新工艺的研究[J].广东有色金属学报,2000,10(2):84-87.

[52] 邹霓,郑承美,周德盛.柿竹园矿粗粒钨选矿新工艺研究[J].矿产综合利用,1997(1):4-7.

[53] Srivastava J P, Pathak P N. Pre-concentration:a necessary step for upgrading tungsten ore[J]. International Journal of Mineral Processing,2000,60(1):1-8.

[54] 章国权,戴惠新.云南某白钨矿重选试验研究[J].中国钨业,2008,23(5):23-25.

[55] 许德明.浮选尾矿重选回收钨矿工艺[J].有色矿山,1994,(6):48-52.

[56] 邓丽红,周晓彤.从原次生细泥中回收黑白钨矿的选矿工艺研究[J].金属矿山,2008,389(11):148-151.

[57] 陈家镛.湿法冶金手册[M].北京:冶金工业出版社,2005:873-905.

[58] Li Honggui, Sun Peimei, Li Yunjiao, et al. Caustic decomposition of scheelite and scheelite-wolframite concentrates through mechanical activatilon[J]. Cent. South. Univ. Techol. ,1995(12):16.

[59] 李洪桂,李运姣,孙培梅,等.钨矿物原料NaOH分解过程中抑制杂质的研究[J].中国工程科学,2000,2(3):59-61.

[60] 李洪桂,刘茂盛,孙培梅,等.钨矿物原料碱分解的基础理论及新工艺[M].长沙:中南工业大学出版社,1997:119-128.

[61] 徐晓玲.钨离子交换工艺中钨锡分离的研究[D].长沙:中南大学,2002:56-57.

[62] 张启修,龚柏凡,黄芍英,等.处理低品位钨物料生产高纯APT的新工艺研究[C].稀有金属与硬质合金(全国钨钼学术会议论文专集),1989,97(2):2-5.

[63] 龚柏凡,张启修.离子交换一步分离Mo、P、As、Si新工艺开始进入工业实施阶段[C].第七届全国钨钼学术交流会论文集,1995:50-52.

[64] 廖春发,张启修.从钨矿苛性钠浸出液中直接萃取钨时杂质锡行为的考察[J].南方冶金学院学报,2001,22(4):239-342.

[65] 方奇.苛性钠压煮法分解白钨矿[J].中国钨业,2001,16(5/6):80-81.

[66] Martins J P, Martins F. Soda ash leaching of scheelite concentrates:the effect of high concentration of sodium carbonate[J]. Hydrometallurgy,1997,46(1-2):191-203.

［67］ Martins J P. Kinetics of soda ash leaching of low-grade scheelite concentrates ［J］. Hydrometallurgy, 1996, 42(2): 221 – 236.

［68］ 深沢浩二. 用浮选和化学处理回收选矿尾矿中微量白钨矿的实践［J］. 日本矿业会志, 1974, 90(1035): 321 – 327.

［69］ Srinivas K, Sreenivas T, Natarajan R, et al. Studies on the recovery of tungsten from a composite wolframite-scheelite concentrate［J］. Hydrometallurgy, 2000, 58(1): 43 – 50.

［70］ 徐迎春, 姜萍. 白钨矿浸出工艺的现状及发展方向［J］. 世界有色金属, 2004(12): 21 – 23.

［71］ 魏庆玉. 白钨矿的化学选矿［J］. 中国钨业, 2000, 15(4): 26 – 18.

［72］ 廖利波. 白钨矿酸法处理工艺研究［D］. 长沙: 中南大学, 2002: 50.

［73］ 江信开, 吕永信. 含钙矿物浮选分离新方法及机理［J］. 有色金属, 1987, 39(4): 52 – 58.

［74］ Sebahattin Gurmen, Servet Timur, Cuneyt Arslan, et al. Acidic leaching of scheelite concentrate and production of hetero-poly-tungstate salt［J］. Hydrometallurgy, 1999(51): 227 – 238.

［75］ 姚珍刚. 氟化钠压煮分解白钨精矿工艺研究［J］. 中国钨业, 1999, 14(5/6): 166 – 170.

［76］ 周晓彤, 林日孝. GY 法浮选黑白钨新工艺的研究［J］. 矿产综合利用, 2000(2): 1 – 4.

［77］ 黄武, 戚光荣. 云南某白钨矿浮选试验研究与生产实践［J］. 江西有色金属, 2008, 22(1): 26 – 28.

［78］ 孟宪瑜, 于雪, 高起鹏. 低品位白钨矿选矿工艺试验研究［J］. 有色矿冶, 2007, 23(5): 15 – 17.

［79］ 邵辉. 某低品位白钨矿石浮选试验［J］. 金属矿山, 2015(1): 58 – 61.

［80］ 曾惠英. 某白钨矿浮选试验研究［J］. 江西有色金属, 2007, 21(2): 19 – 22.

［81］ 邓丽红, 周晓彤. 白钨矿常温浮选工艺研究［J］. 中国钨业, 2008, 23(5): 20 – 22.

［82］ 杨晓峰. 云南某中低品位白钨矿常温浮选技术研究［D］. 昆明: 昆明理工大学, 2008: 46 – 80.

［83］ Vaquez L A, et al. Flotation – A. M［J］. Gaudin Memoroial. 1976(1): 580 – 596.

［84］ 黄万抚. "石灰法"浮选白钨矿的研究［J］. 江西冶金, 1989, 9(1): 16 – 19.

［85］ 杨思孝. 用"石灰法"浮选白钨矿［J］. 江西冶金, 1982(2): 39 – 41.

［86］ 杨斌清. 湖南某钨矿选矿试验研究［J］. 江西有色金属, 1996, 10(3): 21 – 23.

［87］ 肖庆苏. 柿竹园多金属矿 CF 法浮选钨主干全浮选工艺研究［J］. 矿冶, 1996, 5(3): 26 – 32.

［88］ Leonard J Warren. Shear-flocculation of ultrafine scheelite in sodium oleate solutions［J］. Journal of Colloid and Interface Science, 1975, 50(2): 307 – 318.

［89］ Sivamohan R, Cases J M. Dependence of shear-flocculation on surface coverage and zeta potential［J］. International Journal of Mineral Processing, 1990, 28(3/4): 161 – 172.

［90］ Koh P T L, Uhlherr P H T, Andrews J R G. The effect of capillary condensation and liquid bridging on the bonding of hydrophobic particles in shear-flocculation［J］. Journal of Colloid and Interface Science, 1985, 108(1): 95 – 103.

［91］ Koh P T L, Lwin T, Albrecht D. Analysis of weight frequency particle size distributions: With special application to bimodal floc size distributions in shear-flocculation [J]. Powder Technology, 1989, 59(2): 87-95.

[92] Koh P T L, Andrews J R G, Uhlherr P H T. Floc-size distribution of scheelite treated by shear-flocculation[J]. International Journal of Mineral Processing, 1986, 17(1/2): 45-65.

[93] Koh P T L, Andrews J R G, Uhlherr P H T. Modelling shear-flocculation by population balances [J]. Chemical Engineering Science, 1987, 42(2): 353-362.

[94] Grasberg M, Mattson K. Novel process at Yxsjoberg, a pointer towards future more sophisticated flotation methods [J]. In: Laskowski J., eds. Proceedings of 13th International Mineral processing Congress. Warsaw: 1979: 294-315.

[95] Berger G S, Kadrzhanov Z B, Evdokimov S I, et al. Possibility of Regeneration of Collectors During Flotation Concentration of Ores[J]. Izvestiya Vysshikh Uchebnykh Zavedenij. Tsvetnaya Metallurgiya, 1982(4): 3-6.

[96] 孙伟, 胡岳华, 覃文庆, 等. 钨矿浮选药剂研究进展[J]. 矿产保护与利用, 2000(3): 42-46.

[97] Fukazawa, Koji. Froth flotation process for recovering sheelite[P]. Assignee: Nittetsu Mining Company, Ltd. US4040519, 1977-08-09.

[98] Vedova Ronald, Grauerholz, Norman LeRoy. Method for recovering scheelite from tungsten ores by flotation[P]. Assignee: Union Carbide Corporation. US4054442, 1977-10-18.

[99] Hanumantha Rao K., Forssberg K. S. E.. Mechanism of fatty acid adsorption in salt-type mineral flotation[J]. Minerals Engineering, 1991, 4(7-11): 879-890.

[100] Carson Harry B, Eric J, Ball Brian. Scheelite flotation [P]. Assignee: Amax Inc., US4366050, 1982-12-28.

[101] 严川明, 代献仁, 李树兰. 某多金属矿中白钨的综合回收试验[J]. 中国钨业, 2009, 24(3): 25-27.

[102] 张爱萍, 李光祥, 王仁东. 某白钨矿浮选工艺研究[J]. 现代矿业, 2009(4): 34-35.

[103] 艾光华, 叶雪均, 任祥君. 江西某白钨矿钨的选矿试验研究[J]. 中国钨业, 2009, 24(4): 28-31.

[104] 叶雪均, 刘军. 某低品位白钨矿浮选试验研究[J]. 中国钨业, 2006(21): 20-23.

[105] 温蔚龙. Y-17脂肪酸钠盐对汝城钨矿大山矿区白钨矿的浮选[J]. 湖南冶金, 1983(5): 18-21.

[106] 张忠汉, 张先华, 叶志平, 等. 柿竹园多金属矿 GY 法浮钨新工艺研究[J]. 矿冶工程, 1999, 19(4): 22-25.

[107] Gao Yu-De, Qiu Xian-Yang, Han Zhao-Yuan. Flotation mechanism of scheelite with hydroxamic acid[J]. Chinese Journal of Nonferrous Metals, 2015, 25(5): 1339-1344.

[108] 高玉德. 黑钨细泥浮选中高效浮选剂的联合使用[J]. 有色金属(选矿部分), 2000(6): 41-43.

[109] 温德新, 伍红强, 夏青. 某低品位难选白钨矿常温浮选试验研究[J]. 有色金属科学与工程, 2011, 2(3): 51-54.

[110] 韩兆元, 管则皋, 卢毅屏. 组合捕收剂回收某钨矿的试验研究[J]. 矿冶工程, 2009, 29 (1): 50 – 54.

[111] 徐凤平, 冯其明, 张发明, 朱刚雄, 曾林, 王海, 丁明胜. 湖南某低品位白钨矿全常温浮选生产实践[J]. 有色金属工程, 2015, 5(1): 54 – 57.

[112] 王国生, 管则皋, 韩兆元. 湖南某白钨矿选矿试验研究[J]. 矿产综合利用, 2008(3): 9 – 12.

[113] 余军, 薛玉兰. 新型捕收剂 CKY 浮选黑钨矿、白钨矿的研究[J]. 矿冶工程, 1999, 19 (2): 34 – 36.

[114] Aknazarova T V. Use of 4. 5. 6. 7-tetrahydrobenzo thiophene – 3 – carbohy droxamic acid for flotation of scheelite[J]. Dokil Akad Nauk SSR, 1990, 33(4): 244 – 246.

[115] 邹霓, 高玉德. 云南某白钨矿浮选试验研究[J]. 中国钨业, 2008, 23(5): 17 – 19.

[116] 高玉德, 江庆梅, 冯其明, 等. 某白钨矿选矿试验研究[J]. 金属矿山, 2008(8): 52 – 54.

[117] 高玉德, 邹霓, 韩兆元. 湖南某白钨矿选矿工艺研究[J]. 中国钨业, 2009, 24(4): 20 – 22.

[118] Charan T. Gouril, Rao G V. Recovery of low grade scheelite by spherical agglomeration[J]. Minerals and Metallurgical Processing, 1990, 7(2): 79 – 83.

[119] Nosov I A. Possibility of Using Acylamino Acid Collector in Flotation of Scheelite Ores[J]. Journal of Mining Science, 1996, 32(5): 423.

[120] Ozcan O, Bulutcu A N. Electrokinetic, infrared and flotation studies of scheelite and calcite with oxine, alkyl oxine, oleoyl sarcosine and quebracho[J]. International Journal of Mineral Processing, 1993, 39(3 – 4): 275 – 290.

[121] Ozcan O, Bulutcu A N, Sayan P, et al. Scheelite flotation: a new scheme using oleoyl sarcosine as collector and alkyl oxine as modifier[J]. International Journal of Mineral Processing, 1994, 42(1 – 2): 111 – 120.

[122] 周菁, 朱一民. 新型捕收剂浮选钨钼铋多金属矿中白钨矿试验研究[J]. 中国矿山工程, 2009, 38(1): 11 – 15.

[123] Zhiyong Gao, Wei Sun, Yuehua Hu. New insights into the dodecylamine adsorption on scheelite and calcite: An adsorption model[J]. Minerals Engineering, 2015(79): 54 – 61.

[124] Mukai, Shigeru, Wakamatsu, et al. Fundamental study of non-sulfide mineral flotation using dodecylammonium chloride as a collector[J]. Nippon Kogyo Kaishi/Journal of the Mining and Metallurgical Institute of Japan, 1975, 91(1045): 125 – 129.

[125] 杨帆. 季铵捕收剂在白钨矿浮选中的应用及其作用机理研究[D]. 长沙: 中南大学, 2013: 31 – 36.

[126] Yang Fan, Yang Yao-Hui, Liu Hong-Wei, Sun Wei. Flotation separation of scheelite and calcite at ambient temperature using new quaternary ammonium salt as collector[J]. Chinese Journal of Nonferrous Metals, 2012, 22(5): 1448 – 1454.

[127] Hiçyilmaz C, Özbayoglu G. The effects of amine and electrolytes on the zetapotential of scheelite from Uludag, Turkey

［128］ Atalay Ü, Hiçyılmaz C, Özbayoglu G. Selective flotation of scheelite using amines［J］. Minerals Engineering, 1993, 6(3)：313 – 320.

［129］胡岳华, 王淀佐. 烷基胺对盐类矿物捕收性能的溶液化学研究［J］. 中南矿冶学院学报, 1990, 21(1)：31 – 38.

［130］程新朝. 钨矿物和含钙矿物分离新方法及药剂作用机理研究Ⅰ. 钨矿物与含钙脉石矿物浮选分离新方法 – CF 法研究［J］. 国外金属矿选矿, 2000, 37(6)：21 – 25.

［131］程新朝. 钨矿物和含钙矿物分离新方法及药剂作用机理研究Ⅱ. 药剂在矿物表面作用机理研究［J］. 国外金属矿选矿, 2000, 37(7)：16 – 21

［132］Hu Yuehua, Yang Fan, Sun Wei. The flotation separation of scheelite from calcite using a quaternary ammonium salt as collector［J］. Minerals Engineering, 2011, 24(1)：82 – 84.

［133］李仕亮. 阳离子捕收剂浮选分离白钨矿与含钙脉石矿物的试验研究［D］. 长沙：中南大学, 2010：29 – 59.

［134］王淀佐, 胡岳华. 新型两性捕收剂的研究［J］. 化工矿山技术, 1989, 18(3)：26 – 27.

［135］Hu Yuehua, Xu Zhenghe. Interactions of amphoteric amino phosphoric acids with calcium-containing minerals and selective flotation［J］. International Journal of Mineral Processing. 2003(72)：87 – 94.

［136］朱建光, 赵景云. RO – X 系列捕收剂浮选含钙矿物［J］. 矿产综合利用, 1991(3)：1 – 6.

［137］朱建光, 赵景云. 6RO – X 系列捕收剂浮选含钙矿物［J］. 化工矿山技术, 1990, 19 (6)：32 – 34.

［138］朱建光, 赵景云. 4RO – X 系列捕收剂浮选含钙矿物［J］. 非金属矿, 1991(4)：19 – 22.

［139］Von Rybinski W, Schwuger M J, Dobias B. Surfactant mixtures as collectors in flotation［J］. Colloids and Surfaces, 1987, 26：291 – 304.

［140］Sun Wei, Tang Hong-hu, Chen Chen. Solution chemistry behavior of sodium silicate in flotation of fluorite and scheelite［J］. The Chinese Journal of Nonferrous Metals, 2013, 23 (8)：2274 – 2283.

［141］爱格列斯. 浮选调整剂［M］. 北京：冶金工业出版社, 1982：98 – 106.

［142］邓丽红, 周晓彤. 新型捕收剂 R31 浮选低品位白钨矿的研究［J］. 矿产保护和利用, 2004 (7)：19 – 22.

［143］Feng Bo, Luo Xianping, Wang Jinqing, Wang Pengcheng. The flotation separation of scheelite from calcite using acidified sodium silicate as depressant［J］. Minerals Engineering, 2015, 80：45 – 49.

［144］程新朝. 白钨常温浮选工艺及药剂研究［J］. 国外金属矿选矿, 2000, 38(3)：35 – 38.

［145］程琼, 徐晓萍, 曾庆军. 江西某白钨粗精矿加温精选试验研究［J］. 矿产综合利用, 2007, 28(4)：3 – 6.

［146］张忠汉, 张先华. 难选白钨矿选矿新工艺的研究［J］. 广州有色冶金学报, 2000, 10(2)：84 – 87.

［147］林海清. 近 20 年来我国钨选矿技术的进展［J］. 中国钨业, 2001, 16(5 – 6)：69 – 75.

［148］冯其明, 周清波, 张国范, 卢毅屏, 杨少燕. 六偏磷酸钠对方解石的抑制机理［J］. 中国有

色金属学报, 2011, 21(2): 436 – 441.

[149] Hu Yuehua. Solution Chemistry Study of Salttype Mineral Flotation Systems: Role of Inorganic Dispersants[J]. Industrial&Engineering Chemistry Research, 2003, 42: 1641 – 1647.

[150] Lü Yongxin, Li Changgen. Selective flotation of scheelite from calcium minerals with sodium oleate as a collector and phosphates as modifiers. I. Selective flotation of scheelite [J]. International Journal of Mineral Processing, 1983, 10(3): 205 – 218.

[151] Li Changgen, Lü Yongxin. Selective flotation of scheelite from calcium minerals with sodium oleate as a collector and phosphates as modifiers. II. The mechanism of the interaction between phosphate modifiers and minerals[J]. International Journal of Mineral Processing, 1983, 10(3): 219 – 235.

[152] 叶雪均. 白钨常温浮选工艺研究[J]. 中国钨业, 1999, 14 (5/6): 113 – 117.

[153] 李洪帅. 多金属共生萤石矿浮选分离试验及机理探讨[D]. 昆明: 昆明理工大学, 2011: 65 – 67.

[154] 王淀佐. 浮选剂作用原理及应用[M]. 北京: 冶金工业出版社, 1993: 201 – 223.

[155] 胡岳华, 孙伟, 蒋玉仁, 等. 柠檬酸在白钨矿萤石浮选分离中的抑制作用及机理研究[J]. 国外金属矿选矿, 1998(5): 27 – 29.

[156] 刘清高, 韩兆元, 管则皋. 白钨矿浮选研究进展[J]. 中国钨业, 2009, 24(4): 23 – 27.

[157] 曹明礼. 单宁与含钙矿物类作用机理的模拟研究[J]. 有色金属(选矿部分), 1996(6): 33 – 35.

[158] 见百熙. 浮选药剂[M]. 北京: 冶金工业出版社, 1979: 317 – 351.

[159] 张剑峰. 新型有机抑制剂的合成及结构与性能关系研究[D]. 长沙: 中南大学, 2002: 52 – 68.

[160] 林强. 新型浮选药剂合成及结构与性能关系研究[D]. 长沙: 中南工业大学, 1989: 78 – 89.

[161] 朱玉霜, 朱建光. 浮选药剂的化学原理[M]. 长沙: 中南工业大学出版社, 1987: 2.

[162] 朱建光. 浮选药剂[M]. 北京: 冶金工业出版社, 1993: 110 – 130.

[163] 谢晶曦. 红外光谱在有机化学和药物化学中的应用[M]. 北京: 科学出版社, 2001: 67 – 98.

[164] 杨南如. 无机非金属材料测试方法(重排本)[M]. 武汉: 武汉理工大学出版社, 2006: 145 – 156.

[165] 杨南如, 岳文海. 无机非金属材料图谱手册[M]. 武汉: 武汉工业大学出版社, 2000: 125 – 168.

[166] 夏笑虹. 聚丙烯酸钠的阻垢、缓蚀机理研究[D]. 长沙: 湖南大学, 2001: 56 – 78.

[167] 武成利, 李寒旭. 低分子量聚丙烯酸钠的合成研究及表征[J]. 安徽理工大学学报(自然科学版), 2004, 24(1): 71 – 74.

[168] Drzymala J, Fuerstenan D W. Selective Flocculation of Hematite in the Hematite-Quartz-Ferric Ion-Polyacrylic Acid System, Part I, Activation and Deactivation of Qaartz[J]. International Journal of Mineral Processing, 1981(7): 258.

[169] 徐光宪, 黎乐民. 量子化学 基本原理和从头计算法(上册)[M]. 北京: 科学出版社, 1999: 24-50.

[170] Marzari N, Vanderbilt D, Payne M C. Ensemble density-functional theory for ab-initio molecular dynamicsof metals and finite-temperature insulators[J]. Phy Rev Lett, 1997, 79 (7): 1337-1340.

[171] Segall M D, Lindan P J, Probert M J, et al. First principles simulation: ideas, illustrations and the CASTEP code[J]. J Phys Cond Matt, 2002, 14(11): 2717-2744.

[172] Cooper T G, Leeuw N H. A combined ab initio and atomistic simulation study of the surface and interfacial structures and energies of hydrated scheelite: introducing a $CaWO_4$ potential model[J]. Surface Science, 2003(531): 159-176。

[173] Minoru Itoh, Masami Fujita. Optical properties of scheelite and raspite $PbWO_4$ crystals[J]. Phys Rev B, 2000, 62(19): 12825-12830.

[174] Minoru Itoh, Dmitri L Alov, Masami Fujita. Exciton luminescence of scheelite and raspite structured PbWO4 crystals[J]. Journal of Luminescence, 2000(87-89): 1243-1245.

[175] Anisimov V I, Aryasetiawan F, Lichtenstein A I. First-principles calculations of the electronic structure and spectra of strongly correlated systems: the LDA + U method[J]. Journal of Physics: Condensed Matter, 1997, 9(4): 767-808.

[176] Andrew J. Skinner, John P. Lafemina. Structure and bonding of calcite: A theoretical study [J]. American Mineralogist, 1994, 79: 204-214.

[177] 顾秉林, 王喜坤. 固体物理学[M]. 北京: 清华大学出版社, 1989: 110-111.

[178] Mulliken R S. Electronic population analysis on LCAO-MO molecular wave functions. IV. bonding and antibonding in LCAO and valence-bond theories[J]. J Chem Phys, 1955, 23 (12): 2343-2346.

[179] Segall M D, Shall R, Pickard C J, et al. Population analysis of plane-wave electronic structure calculatons of bulk materials[J]. Phys Rev B, 1996, 54(23): 16317-16320.

[180] Delley B. An all-electron numerical method for solving the local density functional for polyatomic molecules[J]. Journal of Chemical Physics, 1990, 92(1): 508.

[181] Delley B. From molecules to solids with the DMol3 approach[J]. Journal of Chemical Physics, 2000, 113(18): 7756-7764.

[182] 赵新新, 芯一鸣. Cu(110)表面 CO 吸附单层结构和电子态的第一性原理研究[J]. 物理化学学报, 2008, 24(1): 127-132.

图书在版编目(CIP)数据

白钨矿浮选抑制剂的性能与作用机理/张英,胡岳华,王毓华著.
—长沙:中南大学出版社,2015.12
ISBN 978 - 7 - 5487 - 2070 - 6

Ⅰ.白... Ⅱ.①张...②胡...③王... Ⅲ.白钨矿 – 浮选药剂 – 研究
Ⅳ.TD954

中国版本图书馆 CIP 数据核字(2015)第 296905 号

白钨矿浮选抑制剂的性能与作用机理

张 英 胡岳华 王毓华 著

□责任编辑　刘　辉　胡业民
□责任印制　易红卫
□出版发行　中南大学出版社
　　　　　　社址:长沙市麓山南路　　　　邮编:410083
　　　　　　发行科电话:0731-88876770　　传真:0731-88710482
□印　　装　长沙市宏发印刷有限公司

□开　　本　720×1000　1/16　□印张 9.5　□字数 199 千字
□版　　次　2015 年 12 月第 1 版　□印次　2015 年 12 月第 1 次印刷
□书　　号　ISBN 978 - 7 - 5487 - 2070 - 6
□定　　价　50.00 元